Sitzungsberichte
der Akademie der Wissenschaften
der DDR
Mathematik-Naturwissenschaften-Technik

Jahrgang 1990 · Nr. 8/N

Forschungsergebnisse aus der Werkstoffwissenschaft

— Otto Henkel zum 65. Geburtstag —

AKADEMIE-VERLAG BERLIN
1990

Festkolloquium am 14. September 1989 in Dresden
anläßlich des 65. Geburtstages von Otto Henkel,
Ordentliches Mitglied der Akademie
der Wissenschaften der DDR,
veranstaltet von der Klasse Werkstoffwissenschaft,
der Klasse Physik und dem Zentralinstitut für Festkörperphysik
und Werkstofforschung der AdW der DDR

Herausgegeben im Auftrage
des Präsidenten der Akademie
der Wissenschaften der DDR
von Vizepräsident Prof. Dr. Herbert Hörz

ISBN 3-05-500865-0
ISSN 0138-3965
Erschienen im Akademie-Verlag Berlin, Leipziger Str. 3–4, O-1086 Berlin

Printed in Germany
Gesamtherstellung: Druckhaus Köthen GmbH
LSV 3005
Bestellnummer: 7641710 (2010/90/8/N)

Inhalt

Johannes Barthel

Laudatio

Lieber Jubilar!
Sehr verehrte Gäste!
Liebe Mitarbeiterinnen und Mitarbeiter!

Am 27. Juni dieses Jahres beging Akademiemitglied Otto Henkel seinen 65. Geburtstag. Der Name des Jubilars ist eng mit der Entwicklung der Festkörperphysik und Werkstofforschung in unserer Republik und auch über unsere Landesgrenzen hinaus verbunden. Ich darf Sie, die Sie unserer Einladung zum heutigen Festkolloquium zu Ehren von Otto Henkel gefolgt sind, im Namen der Klassen Werkstoffwissenschaft und Physik und im Namen des Zentralinstitutes für Festkörperphysik und Werkstofforschung sehr herzlich begrüßen.

Nach dem 2. Weltkrieg konnte der Maschinenschlosser und Neulehrer Otto Henkel dank seiner Initiative und Zielstrebigkeit seine Neigungen zu den Naturwissenschaften, insbesondere zur Physik, in die Tat umsetzen. 1946 an die Vorstudienanstalt der Friedrich-Schiller-Universität zu Jena delegiert, nahm er nach dem Abitur an dieser traditionsreichen Universität ein Studium der Physik auf. Prägend für seine spätere wissenschaftliche Arbeit war dabei wohl die Ausstrahlungskraft solch bekannter Lehrer wie Hund, Buchwald und Kersten. Stets blieb der Experimentator Henkel dem Geist der Jenaer Physiktradition verbunden, in der physikalischen Forschung die Einheit von Theorie und Experiment zu wahren. Bereits mit seiner 1953 verteidigten Diplomarbeit zum Thema „Die Tiefkühlung als zusätzliche Behandlung bei der künstlichen Alterung von gehärtetem Werkzeugstahl" erbrachte er wesentliche praxisrelevante Ergebnisse, die beim VEB Carl Zeiss Jena zur Gefügestabilisierung bei Längeneichmaßen produktionswirksam wurden.

Nach dem Jenaer Studium gehörte Otto Henkel zu den Ersten die nach Dresden an das unter der Leitung von Akademiemitglied Eisenkolb stehende Institut für metallische Spezialwerkstoffe gingen. Im Mittelpunkt seiner Forschungsaufgaben als wissenschaftlicher Mitarbeiter standen in jenen Jahren Beiträge zur Weiterentwicklung von verformbaren Dauermagneten, Arbeiten zu magnetostriktiven Werkstoffen und Einschmelzlegierungen, aber auch zu Werkstoffen für Hysteresemotoren und zu ferritischen Werkstoffen.

Als besonders erfolgreich können seine Arbeiten zu binären und ternären Nickel-Basis-Legierungen eingeschätzt werden. Otto Henkel untersuchte mechanische und magnetische Grundgrößen derartiger Legierungen. Dabei gewann er Erkenntnisse, die die Grundlagen für magnetomotorische Wandler aus kobaltdotiertem Nickeloxid mit Spinellstruktur darstellten. Die Umsetzung der Ergebnisse in die Praxis führte zur Schaffung völlig neuartiger elektronischer Filterelemente für Nachrichtenübermittlungsgeräte.

Seine international bedeutsamsten wissenschaftlichen Leistungen sind mit umfangreichen Forschungsarbeiten zum Mikromagnetismus verbunden. 1960 begann er sich als einer der Ersten experimentell den magnetostatischen Wechselwirkungen zwischen Einbereichsteilchen und deren Kollektiven zuzuwenden. Es gelang ihm, im Zusammenhang mit Arbeiten zur eindeutigen physikalischen Charakterisierung der magnetischen Härte von verformbaren Dauermagneten, den reduzierten Radius der Einbereichsteilchen über das Rotationshystereseintegral zu bestimmen. Damit wurden erstmalig wichtige Aussagen zur Magnetisierungsumkehr gewonnen. Mit welcher Intensität er in jenen Jahren die Probleme des Mikromagnetismus bearbeitete, verdeutlicht sich nicht zuletzt darin, daß er, der 1963 zum Dr.-Ing. promovierte und als Arbeitsgruppenleiter tätig war, von 1961 bis 1967 allein auf diesem Gebiet 25 Arbeiten veröffentlichte. Besonders die Arbeit „Anhysterese- und Remanenzkurven in metallischen Werkstoffen zur magnetischen Aufzeichnung“ führte zu einer hohen internationalen Wertschätzung. Diese Arbeiten trugen wesentlich dazu bei, die Magnetismusforschung unseres Landes international bekanntzumachen. Otto Henkel entwikkelte sich zu einem hoch geschätzten Experten auf dem Gebiet des Mikromagnetismus. Folgerichtig trat er wiederholt auf nationalen und internationalen Tagungen mit Originalbeiträgen und Hauptvorträgen auf und ist Autor bzw. Koautor von 75 wissenschaftlichen Publikationen.

Neben diesen seinen grundlegenden Untersuchungen zum Mikromagnetismus beteiligte er sich ständig auch an Vertragsforschungen mit der Industrie und ist Inhaber bzw. Mitinhaber mehrerer Patente.

Seine Arbeiten führten den Jubilar immer wieder in das kaum fest umreißbare Grenzgebiet zwischen Festkörperphysik und Werkstofforschung. Wohl auch deshalb erkannte er sehr schnell die Bedeutung technologischer und ökonomischer Fragestellungen bei der Einführung neuer Spezialwerkstoffe in die Volkswirtschaft der DDR.

Nach der Emeritierung von Akademiemitglied Eisenkolb wurde Otto Henkel zum Direktor des damaligen Instituts für metallische Spezialwerkstoffe berufen. Neben seinen fundierten fachlichen Kenntnissen war hierfür auch seine Erfahrung als Kollektivleiter von ausschlaggebender Bedeutung. 1969 wurde er mit der Gründung des Zentralinstituts für Festkörperphysik und Werkstofforschung auf der Basis von fünf bis dahin selbständigen Instituten in Dresden, Halle und Jena beauftragt und zum ersten Direktor des Instituts berufen. Im gleichen Jahr ernannte ihn das Plenum der Akademie der Wissenschaften zum Professor.

Die Übernahme dieser verantwortungsvollen Funktionen machten es erforderlich, daß Otto Henkel den Platz im Labor mit dem des Wissenschaftsleiters und all den damit verbundenen vielfältigen Aufgaben und oft nicht leichten Anforderungen vertauschen mußte. Dabei hat er immer dafür gewirkt, daß die Forschungspotentiale auf wissenschaftlich tragfähige und gleichzeitig volkswirtschaftlich begründete Schwerpunkte ausgerichtet wurden, wie z.B. auf Hartmetalle, Stahl, magnetische

Sonderwerkstoffe, elektronische Werkstoffe mit bistabiler Leitfähigkeit und auf Supraleiter, daß stets die weltweite Entwicklung mit hoher Aufmerksamkeit verfolgt und die Mitarbeiter und Kollektive für neue Gebiete und Richtungen, wie der Lasertechnik und den amorphen Werkstoffen begeistert wurden, daß die fundamentale festkörperphysikalische und methodische Forschung ihren Beitrag zur disziplinären Vertiefung leistete und die Quelle neuer Ansätze darstellte.

Ansatzpunkt dafür war sein Interesse und seine Initiative bei der Einbeziehung der analytisch-prognostischen Arbeit in die Forschungstätigkeit. Als herausragende Leistung für die Entwicklung der Sonderwerkstoffe in der DDR sei auf die 1973 unter seiner Leitung erarbeitete Prognose „Darstellung und Anwendung von Sonderwerkstoffen" aufmerksam gemacht.

Im Interesse der weiteren Profilierung von Forschung, Technik und Produktion ergaben sich in diesen Jahren auch zahlreiche, durchaus kräftezehrende Verpflichtungen, in dem er in wissenschaftlichen Gremien, wie dem Forschungsrat oder verschiedenen Kooperationsgemeinschaften von AdW, Hochschulen und Industrie, aktiv mitarbeitete. Damit bestimmte der Jubilar nicht nur im wesentlichen Maße die Profilierung des ZFW sondern nahm auch entscheidenden Einfluß auf die Forschungsleitung und -kooperation im nationalen und RGW-Rahmen. z.B. war er für die beiden Komplexaufgaben „Werkstoffe" und „Tiefe Temperaturen" im Staatsplan Wissenschaft und Technik verantwortlich. Diese erfolgreiche Koordinierungstätigkeit setzte er später als Vorsitzender der Hauptforschungsrichtung „Elektronische Eigenschaften der Festkörper" des Forschungsprogramms Physik fort. Seiner persönlichen Initiative ist es zu danken, daß die Kooperationsgemeinschaft Werkstoffforschung im Dresdner-Freiberger Raum einen wesentlichen Einfluß auf die Entwicklung zur Zusammenarbeit der Einrichtungen der Akademie und des Hochschulwesens ausüben konnte.

Darüber hinaus wurde von ihm die Zusammenarbeit mit den Forschungseinrichtungen der anderen sozialistischen Länder, allen voran den Einrichtungen der Akademie der Wissenschaften der UdSSR in Moskau, Leningrad und Kiew vorangetrieben und für die DDR koordiniert.

Aus der Erkenntnis heraus, daß die Zusammenarbeit der Institute mit den Werkstoffproduzenten und Anwendern bereits in der Forschungsplanung beginnen und komplex geführt werden muß, bemühte er sich stets um neue Formen einer engen Kooperation.

Sein vertrauensvolles Zusammenwirken mit dem Generaldirektor des Werkzeugkombinates führte zur Gründung des Wissenschaft-Technik-Produktionsverbandes Werkzeugwerkstoffe und Werkzeuge, der die gemeinsame Arbeit der Einrichtungen der Akademie und des Hochschulwesens, der Werkzeug- und der Werkzeugmaschinenindustrie rationeller gestaltete.

Darüber hinaus trat Otto Henkel auch als Organisator wissenschaftlicher Veranstaltungen im nationalen und internationalen Rahmen hervor. Maßgeblich war er daran beteiligt, daß die Metalltagung der AdW ab 1970 wieder regelmäßig in hoher Qualität durchgeführt wurde.

1974 zum Korrespondierenden und 1978 zum Ordentlichen Akademiemitglied gewählt, fand sein hohes wissenschaftliches und gesellschaftliches Ansehen die ihm adäquate Würdigung. Diese Wahl war dem Jubilar nicht nur Ehre sondern vielmehr auch Verpflichtung in starkem Maße auf die Profilierung der Werkstoffwissenschaft in unserer Republik Einfluß zu nehmen. Sein aktives Auftreten in der Klasse „Werkstoffwissenschaft“, der er noch heute angehört, sowie die Einbeziehung profilierter Wissenschaftler des Institutes in die Arbeit der Klasse, trugen wesentlich zum Meinungsstreit und zur Meinungsbildung und damit zur Wirksamkeit der Klasse bei. Akademiemitglied Henkel ging immer davon aus, daß dieser relativ neue Wissenschaftszweig als exakte Wissenschaft mehr als die einfache Summe ihrer drei Säulen, der Physik, Chemie und Werkstoffkunde ist, um neue, technisch nutzbare Werkstoffe entwickeln zu können.

Solange es ihm seine Kraft erlaubte, versuchte Otto Henkel diese Maxime in dem von ihm bis 1981 geleitetem ZFW zu realisieren. 12 Jahre Direktor eines Institutes, das sind auch 12 Jahre der Entwicklung und des Wachstums eines Kollektives und seiner Persönlichkeiten. Vor wenigen Monaten konnten wir das 20jährige Bestehen des Institutes feiern, auf eine positive Bilanz verweisen und anerkennende Worte des Präsidenten entgegennehmen, eine Entwicklung, die von Akademiemitglied Henkel begründet und gefördert wurde.

Heute, da wir ihn ehren und unseren Dank für das Geleistete aussprechen, hoffen wir auf noch viele schöpferische Anregungen für jüngere Kollegen der Akademie und wünschen ihm für die weiteren Jahre Wohlergehen und die Kraft, in der gewohnten Weise weiter wirksam zu werden.

Gerd Lehmann

Grundlagen und technische Anwendungen von weich- und hartmagnetischen Werkstoffen

1. Einleitung

Seit der Aufnahme der industriellen Produktion von Elektromotoren im Jahre 1888 sind Magnetwerkstoffe wesentliche Bestandteile und Voraussetzung von Schlüsseltechnologien. Sie sind für diese auch heute nach wie vor unverzichtbar. Daher empfängt die Forschung zu Magnetwerkstoffen einerseits immer wieder entscheidende Entwicklungsimpulse von Elektrotechnik und Elektronik und trägt andererseits zur Weiterentwicklung von Erzeugnissen dieser Gebiete bei. Entscheidende Werkstoffgruppen stellen dabei
— weichmagnetische Werkstoffe wie z.B. Elektrobleche (sie werden eingesetzt bei der Elektroenergieerzeugung und -wandlung sowie bei Steuerungsaufgaben in Generatoren, Transformatoren, Motoren, Drosseln, Relais und zahlreichen weiteren Bauelementen der Elektrotechnik)
— hartmagnetische Werkstoffe (sie finden als Dauermagnete z.B. in Motoren, Lautsprechern, in Meßgeräten und als Haltemagnete umfangreiche Anwendungen, insbesondere die neuentwickelten Hartmagnete auf der Basis von FeNdB-Verbindungen erlangen eine zentrale Bedeutung für die Leistungs- und Konkurrenzfähigkeit peripherer Elemente moderner Datenverarbeitungstechnik, da sie die Möglichkeit der Miniaturisierung bieten) sowie
— Werkstoffe für magnetische Massenspeicher (für Audio-, Video- und EDV-Anlagen; auf diese Gruppe entfallen gegenwärtig wertmäßig über 50% der gesamten Produktion von Magnetwerkstoffen in den führenden Industrieländern) dar.

Physikalische und werkstoffwissenschaftliche Untersuchungen zu Magnetwerkstoffen haben im Zentralinstitut für Festkörperphysik und Werkstofforschung und in seinen Vorgängereinrichtungen eine gute Tradition. Viele dieser Arbeiten sind mit dem Namen des Jubilars Otto Henkel verbunden. Nach einer kurzen Erläuterung der physikalischen Grundlagen von Magnetwerkstoffen sollen daher in diesem Vortrag drei Teilprobleme ausführlicher behandelt werden:

Die Untersuchungen zu magnetischen Einbereichsteilchen in den sechziger Jahren betreffen unmittelbar das Wirken von O. Henkel als experimenteller Physiker. Hier ist die Kooperation mit dem Theoretiker E. P. Wohlfarth hervorzuheben, aus der sich viele Anregungen sowohl zu Experimenten als auch zur Weiterentwicklung der Theorie ergaben.

Die Arbeiten zur Texturbildung in Elektroblechen wurden von O. Henkel als

Leiter initiiert. Sie beruhen auf der Anforderung des Elektromaschinenbaus nach einer neuen Qualität an Elektroblechen, da Eigenschaften der bisherigen Bleche weitgehend bei der Konstruktion von Elektromotoren ausgeschöpft sind und keine innovativen Lösungen mehr zulassen. Die wissenschaftlichen Zielstellungen dieser Aufgabe wurden 1981 vor dem Rat der Hauptforschungsrichtung „Elektronische und Tieftemperatureigenschaften der kondensierten Materie" im Forschungsprogramm Physik verteidigt, dessen Vorsitz damals O. Henkel innehatte und als dessen Nachfolger in dieser Funktion der Vortragende dem Jubilar die besten Wünsche dieses Rates ausspricht.

Das dritte Problem betrifft theoretische Arbeiten aus dem Zentralinstitut, die Grenzen für mögliche neue Magnetwerkstoffe erkunden sollen. Diese Arbeiten hat O. Henkel durch sein stetes Interesse gefördert. Die Basis dafür bildet die Berechnung des elektronischen Grundzustandes eines spinpolarisierten Systems, die Aussagen über mikroskopische Eigenschaften wie Sättigungsmagnetisierung und Anisotropieenergien ermöglicht. Die in der letzten Zeit außerordentlich gewachsenen Potenzen der modernen Rechentechnik bilden dabei die Basis für eine „experimentelle Mathematik" mit Aussagen über hypothetische Strukturen, die dem Experimentator nur schwer zugänglich sind und damit effektive Ansätze für Suchstrategien und ein neues physikalisches Verständnis für Grundprobleme des Magnetismus eröffnen.

2. *Physik magnetischer Werkstoffe*

Der Ferromagnetismus stellt ein komplexes kollektives und nichtlineares Phänomen dar, dessen Erscheinungsbild durch verschiedene Strukturebenen bestimmt wird. Die für die Anwendungen entscheidende Werkstoffeigenschaft ist die Magnetisierung $M(H)$ in Abhängigkeit von der angelegten Feldstärke H, deren Summe die magnetische Induktion B (oder auch Flußdichte) ergibt

$$B(H) = M(H) + \mu_0 H. \qquad (1)$$

Der nichtlineare Zusammenhang $M(H)$ ist nicht eindeutig, sondern wird durch eine Hystereseschleife (Abb. 1) bestimmt. Die Reaktion einer zunächst nicht magnetisierten Probe auf ein Magnetfeld wird durch die Neukurve mit der Anfangspermeabilität μ beschrieben

$$\mu = M/H\,\mu_0. \qquad (2)$$

Für große Felder H wird der Sättigungswert M_s der Magnetisierung erreicht. Wird das Feld wieder abgeschaltet, geht die Magnetisierung nicht auf Null zurück, sondern behält den endlichen, als Remanenz bezeichneten Wert M_r. Die Magnetisierung verschwindet erst bei einem als Koerzitivfeldstärke H_c bezeichneten Gegenfeld. M und H_c kennzeichnen die Stärke eines Dauermagneten bzw. seine Widerstandskraft gegen äußere Felder. Als komplexen Kennwert eines Dauermagneten benutzt man auch oft das maximale Energieprodukt $(HB)_{max}$. Diese Bezeichnung rührt daher, daß HB

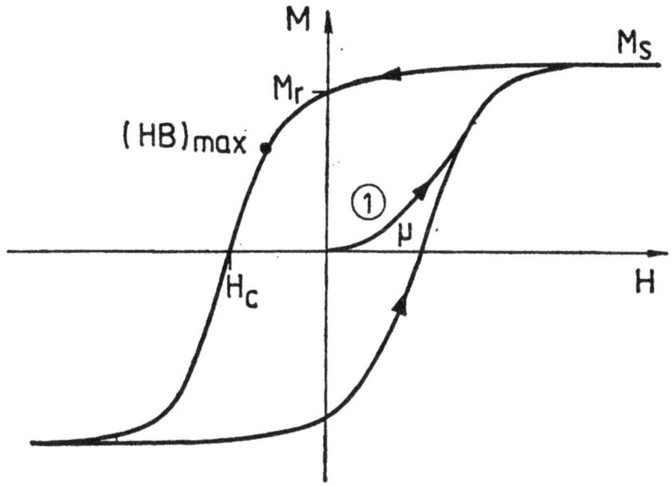

Abb. 1 Hystereseschleife (schematisch), Neukurve (1), die Pfeile kennzeichnen die Richtungsänderung des Magnetfeldes *H*.

bzw. *HM* die Dimension einer Energiedichte haben. Bei negativ gerichteten großen Feldstärken stellt sich wieder der Sättigungswert $-M_s$ ein. Eine Umkehr von *H* führt dann zum unteren (symmetrischen) Ast der Hystereseschleife. Das Durchlaufen der Hystereseschleife ist ein irreversibler Prozeß. Bei einem vollständigen Durchlauf der Hystereseschleife wird pro Volumen eine magnetische Feldenergie dissipiert, die gleich der von der Schleife eingeschlossenen Fläche ist.

Weich- bzw. hartmagnetisches Verhalten wird durch die Größenordnung der genannten Werkstoffparameter und die damit zusammenhängende Form der Hystereseschleife (Abb. 2) bestimmt.

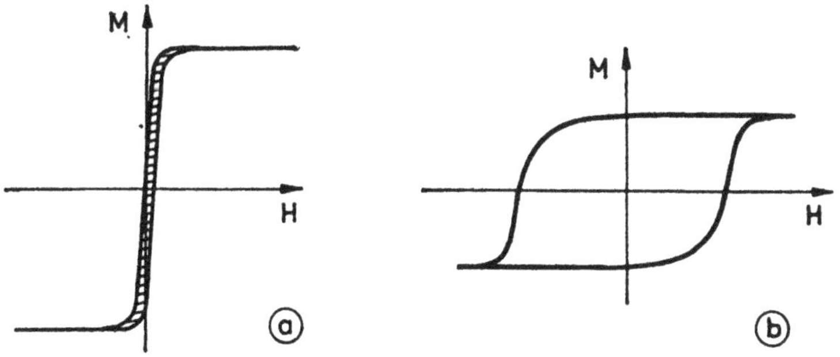

Abb. 2 Hystereseschleife eines
a) weichmagnetischen
b) hartmagnetischen Werkstoffs

Weichmagnetische Werkstoffe werden durch eine sehr schmale und meist steile Hystereseschleife (Abb. 2a) und kleine Koerzitivfeldstärken H_c gekennzeichnet, die geringe Ummagnetisierungsverluste P gewährleisten. Weiterhin werden hohe Magnetisierungen M bzw. Anfangspermeabilitäten μ bei einer gewissen Arbeitsfeldstärke H angestrebt (z.B. M_{25} oder μ_s bei Feldstärken 25 bzw. 8 A/cm). Typische Werte sind

$$H_c = 10^{-2} \text{ bis } 1 \text{ A/m},$$

$$M_{25} = 1{,}5 \text{ bis } 1{,}9 \text{ T}.$$

Bei *Hartmagnetika* (Abb. 2b) werden hohe Remanenz M_r und Koerzitivfeldstärke H_c sowie ein hohes Energieprodukt $(HB)_{max}$ angestrebt. Typische Werte liegen hier bei

$$M_r = 0{,}4 \text{ bis } 1{,}4 \text{ T},$$

$$H_c = 10^2 \text{ bis } 10^4 \text{ A/cm},$$

$$(HB)_{max} = 10 \ldots 400 \text{ kJ/m}^3.$$

Die Sättigungsmagnetisierung wird erreicht, wenn alle atomaren magnetischen Momente parallel ausgerichtet sind. Diese Größe ist daher auf atomistischer Ebene durch das quantenmechanische Verhalten des Systems bestimmt. Alle anderen Größen der Hystereseschleife hängen von der Realstruktur auf mesoskopischer Strukturebene (Gefüge) ab. Quantenmechanische Austauschkräfte (charakterisiert durch die Austauschenergie J) zwischen benachbarten atomaren Momenten bewirken deren Parallelstellung. Die magnetostatische Energie des Gesamtsystems wird jedoch vermindert, wenn sich makroskopische Domänen mit unterschiedlicher Orientierung der Magnetisierung ausbilden, die durch die sogenannten Blochwände getrennt sind (Abb. 3). In diesen dreht sich die Richtung der atomaren Momente auf der Länge δ um 180°:

$$\delta = \sqrt{J/K}. \quad (3)$$

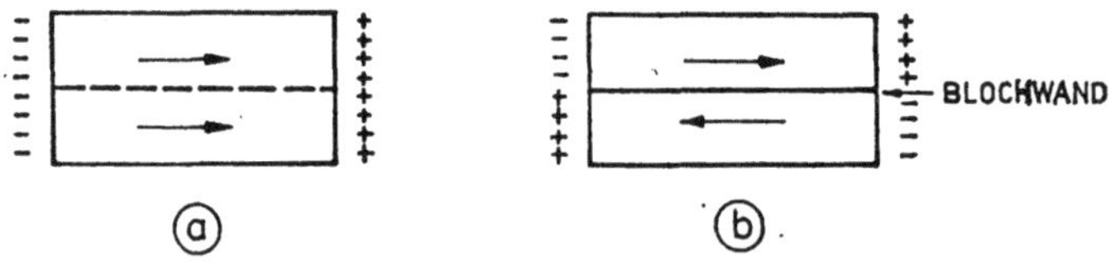

Abb. 3 Domänenstruktur

a) Homogene Magnetisierung M: In einem magnetisierten Körper entstehen an der Oberfläche magnetische Pole (die Pfeile geben die Richtung von M an), die Energie des dadurch erzeugten Dipolfeldes ist hoch

b) Entgegengesetzt orientierte Domänen, die durch eine Blochwand getrennt werden. Das entstehende Quadrupolfeld zeigt eine gegenüber a) verringerte Energie

Die Austauschwechselwirkung J läßt für benachbarte atomare Momente nur Drehungen um kleine Winkel zu, während die Anisotropieenergie K dem entgegenwirkt. Typische Werte für die Dicke δ der Blochwände sind

$$\delta = 10^{-10} \text{ bis } 10^{-7} \text{ m.}$$

Die magnetische Anisotropie bewirkt, daß im Gleichgewichtszustand die Magnetisierung in bevorzugte Richtungen („leichte Richtungen") zeigt. Sie hat verschiedene Ursachen:

Die Kristallanisotropie wird von der Kristallsymmetrie verursacht. Sie ist ein relativistischer quantenmechanischer Effekt, der vom Verhältnis (v/c) der mittleren Geschwindigkeit v der Elektronen, die das magnetische Moment erzeugen, zur Lichtgeschwindigkeit c abhängt und ist je nach dem Symmetrietyp von sehr unterschiedlicher Größenordnung und für kubische Symmetrien

$$K \sim (v/c)^4$$

wesentlich schwächer als für einachsige Symmetrien:

$$K \sim (v/c)^2.$$

In einfachen Modellen der Ummagnetisierungsprozesse ergibt sich H_c zu

$$H_c = 2\,K/M_s. \qquad (4)$$

Für Dauermagnete sind also einachsige Symmetrietypen, für Weichmagnete kubische Strukturen anzustreben.

Die Teilchenform von sogenannten Einbereichsteilchen, innerhalb deren eine homogene Magnetisierung vorliegt, bewirkt die durch die magnetostatische Energie verursachte Formanisotropie (Abb. 4). Die formabhängige Energie wird durch die

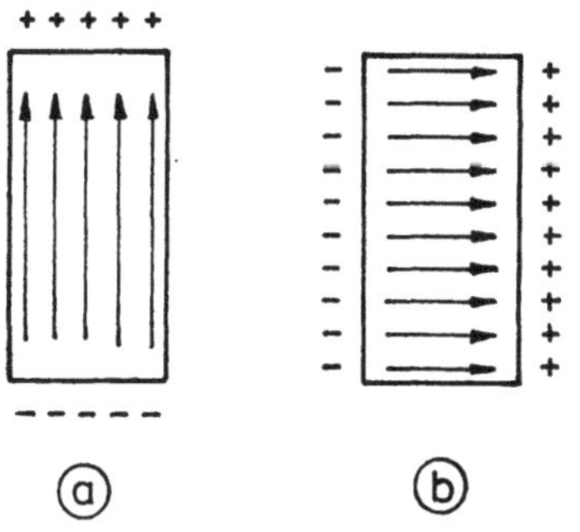

Abb. 4 Formanisotropie: Die magnetische Feldenergie der an der Oberfläche entstehenden Magnetpole ist am geringsten, wenn die Magnetisierung in die Längsrichtung der Teilchen zeigt (a).

Entmagnetisierungsfaktoren senkrecht bzw. parallel zur Teilchenlängsachse $N_\perp$ bzw. $N_\parallel$ beschrieben. Für die Koerzitivfeldstärke H_c ergibt sich damit

$$\mu_0 H_c = (N_\perp - N_\parallel)\, M_s \approx M_s \tag{5}$$

Für sehr lange Teilchen ergibt sich wegen $N_\perp \approx 1$, $N_\parallel \approx 0$ die letzte Beziehung, d.h. das maximal erreichbare H_c wird durch die Sättigungsmagnetisierung bestimmt.

Für die konkrete Form der Hysteresekurve ist der Verlauf der Ummagnetisierungsprozesse entscheidend. Die wichtigsten sind:

1. Kohärente Rotation: Sie tritt bei Einbereichsteilchen mit starker Formanisotropie auf, deren geometrische Dimensionen so gering sind, daß die Ausbildung von Domänen in ihnen energetisch ungünstig ist. Gemäß (5) sind die erzielbaren Koerzitivfeldstärken sehr hoch.

2. Curling-Prozesse: Bei diesen erfolgt in stabförmigen Teilchen die Ummagnetisierung in der in Abb. 5 skizzierten inhomogenen Weise. Die ursprünglich alle in Längsrichtung zeigenden atomaren Momente verdrehen sich in tangentialer Richtung und schlagen dann in die Gegenrichtung um.

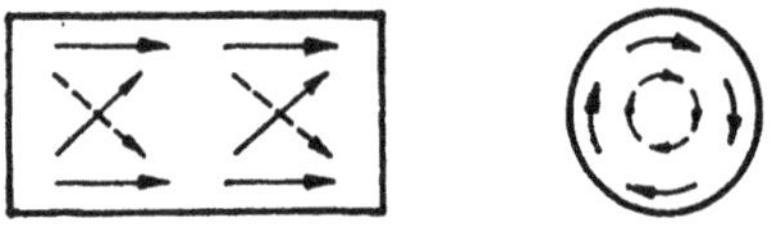

Abb. 5 Curling-Prozeß bei der Ummagnetisierung

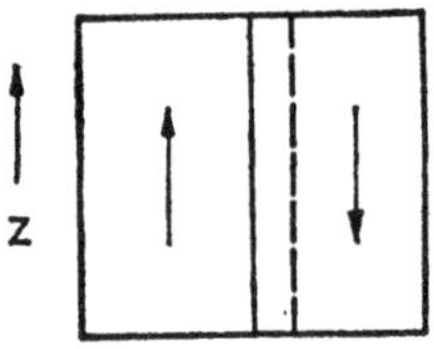

Abb. 6 Ummagnetisierung durch Wandbewegung. Bei Bewegung der Blochwand nach rechts wächst das mittlere Gesamtmoment in Richtung der z-Achse an.

3. Wandbewegung: Hierbei verschiebt sich einfach die Blochwand, und die eine Domäne wächst auf Kosten der anderen (Abb. 6). Wichtige Teilschritte sind die Keimbildung, bei der z.B. in Gebieten mit geringer Anisotropie Domänen mit Orientierungen entgegengesetzt zur Umgebung entstehen sowie das Pinning, bei dem die Wanderung der Blochwände behindert wird, weil sie an nichtmagnetischen Teilchen wie Ausscheidungen festgehalten werden. Der Effekt ist maximal, wenn der Durchmesser dieser Teilchen d von derselben Größenordnung wie die Dicke der Blochwand ist

$$d \approx \delta. \tag{6}$$

Diese Effekte zeigen den Einfluß der Realstruktur des Werkstoffs auf seine magnetischen Eigenschaften sehr anschaulich. Sie bieten Möglichkeiten zu ihrer Optimierung in Weich- und Hartmagnetika. Die metallurgische Erzeugung von Ausscheidungen geeigneter Größe bezeichnet man als magnetische Härtung. Ähnliche physikalische Wirkprinzipien durch Erzeugung geeigneter Pinningzentren werden z.B. auch bei der Herstellung harter Supraleiter genutzt, indem diese die störende Bewegung von magnetischen Flußfäden in Supraleitern zweiter Art verhindern.

3. Einbereichsteilchen

Bei der Erzeugung hartmagnetischer Eigenschaften durch Einbereichsteilchen [1] wird die Formanisotropie von martensitischen Plättchen oder Stäbchen als Gefügebestandteile genutzt. Diese können in den Legierungssystemen Fe—Ni—Cr oder Cu—Ni—Fe durch sukzessive Deformation als Verformungsmartensit ausgebildet werden. Dabei erfolgt die homogene Drehung der Magnetisierung des i-ten Teilchens bei der Koerzitivfeldstärke H_c^i des Teilchens. Die unterschiedlichen Teilchen in der Probe werden dabei durch eine Verteilung W der Koerzitivfeldstärken beschrieben

$$W = W(H_c). \tag{7}$$

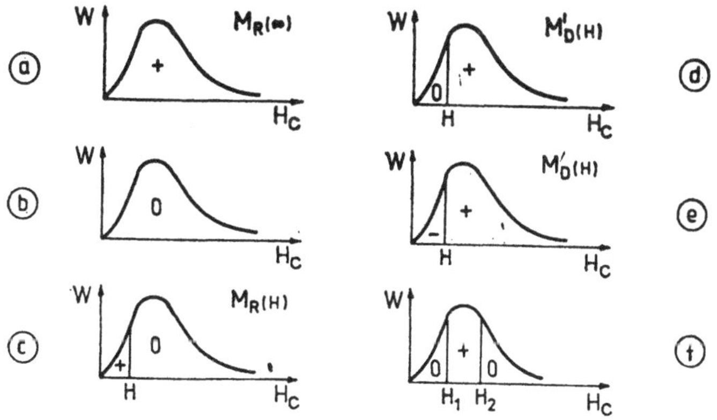

Abb. 7 Wahrscheinlichkeitsverteilung $W(H_c)$ für die Koerzitivfeldstärken H_c im Ensemble magnetisch wechselwirkungsfreier Einbereichsteilchen [1]

a) Sättigungszustand mit maximaler Gesamtmagnetisierung
b) Entmagnetisierter Zustand
c) Gleichfeldremanenz $M_R(H)$ bei Anlegen eines Feldes H
d) Wechselfeldremanenz $M'_D(H)$
e) Gegenfeldremanenz $M_D(H)$
f) partielle Gleichfeldremanenz

Unter der Annahme magnetisch wechselwirkungsfreier Körner folgt das magnetische Verhalten der Probe aus der Kenntnis der Verteilung $W(H_c)$ (Abb. 7). Der Sättigungszustand (Abb. 7a) entsteht durch Anlegen eines großen Feldes, das das Moment aller Körner in Feldrichtung ausrichtet. Bei Abschalten des Feldes bleibt die remanente Magnetisierung $M_R(\infty)$ voll erhalten. Der entmagnetisierte Zustand (mit stochastischer Ausrichtung der Einzelkörner (Abb. 7b) wird erreicht, indem ein niederfrequentes Wechselfeld von dem hohen Anfangswert langsam auf Null heruntergeregelt wird. Ein danach angelegtes Feld H in positiver Richtung richtet alle Teilchen mit $H_c < H$ aus und erzeugt die in Abb. 7c der mit + gekennzeichneten Fläche entsprechende Gleichfeldremanenz $M_R(H)$, die bei anschließendem Abschalten des Feldes bestehen bleibt. Beginnt man ausgehend vom Sättigungszustand a) erst bei einer Ausgangsamplitude H mit der Wechselfeldentmagnetisierung, so werden nur die Teilchen mit $H_c < H$ stochastisch ausgerichtet (Abb. 7d), man erhält die sogenannte Wechselfeldremanenz $M'_D(H)$. Das Anlegen eines gleich großen Gegenfeldes im Zustand d) liefert die Gegenfeldremanenz $M_D(H)$ (Abb. 7e). Aus den Abb. c) bis e) entnimmt man sofort die Wohlfarthschen Beziehungen [2]

$$M'_D(H) = M_R(\infty) - M_R(H) \tag{8}$$

$$M_D(H) = M_R(\infty) - 2M_R(H) \tag{9}$$

bzw.

$$M'_D(H) = (M_R(\infty) + M_D(H))/2. \tag{10}$$

Durch Kombination der Prozesse c) und d) läßt sich eine partielle Gleichfeldremanenz $M_R(H_1, H_2)$ bestimmen (Abc. 7f)

$$M_R(H_1, H_2) = M_R(H_2) - M_R(H_1).$$

Inwieweit die gemachten Voraussetzungen der Realität entsprechen, läßt sich durch Vergleich der Wechselfeldremananz $M'_D(H)$ mit den über (8) bzw. (10) aus anderen Meßgrößen berechneten Werten ersehen, die in der auf O. Henkel [1] zurückgehenden Abb. 8 als sogenanntes Remanenzkurventripel dargestellt sind. Abb. 8a zeigt das Tripel in einer Fe—Ni—Cr-Legierung als Funktion des Umformgrades, wobei sich der Verformungsmartensit zeilenförmig in der Austenitmatrix ausbildet. Im verformbaren und damit verarbeitbaren Werkstoff Cu—Ni—Fe (Abb. 8b) bilden sich parallel ausgerichtete Plättchenpakete aus. Die unterschiedliche geometrische Anordnung der magnetischen Körner in beiden Werkstoffen bildet auch die Ursache für die in Abb. 8a und b unterschiedliche Anordnung der Remanenzkurven.

Eine qualitative Erklärung für die Unterschiede der drei Kurven gibt das Wohlfarthsche Paarmodell, das die Wechselwirkung benachbarter Teilchen berücksichtigt. Das ist in Anbetracht der langreichenden Dipol-Dipol-Wechselwirkung überraschend. Tatsächlich verhindert das Lorentz-Feld die Ummagnetisierung einzelner Teilchen in sonst gesättigten Bereichen. Ummagnetisierungen erfolgen nur dort, wo zwei Wechselwirkungsdomänen, d.h. Bereiche weitgehend einheitlicher Magnetisierung zusammenstoßen (Abb. 9). Dort kompensieren sich die Fernwirkungsfelder, und die im Paar- bzw. Nahwirkungsnodell erfaßten Effekte können sich voll auswirken.

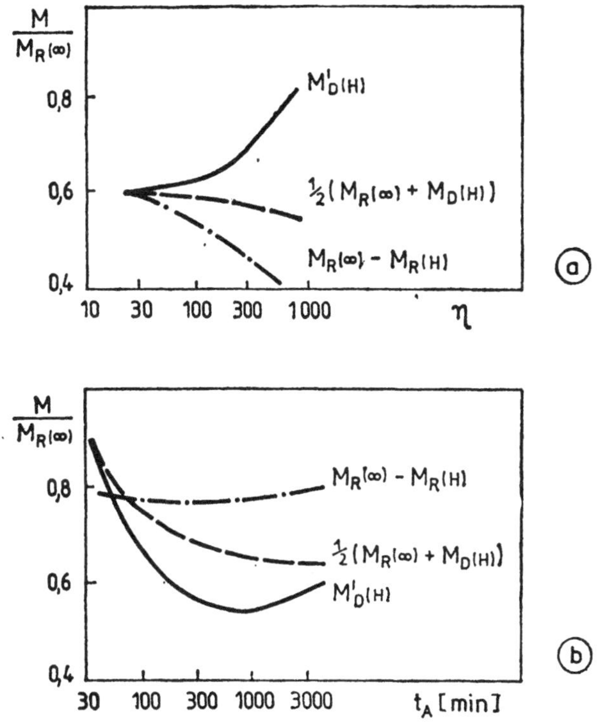

Abb. 8 Remanenzkurventripel [1]

a) in Abhängigkeit vom Umformungsgrad η in Fe–Ni–Cr
b) in Abhängigkeit von der Anlaßzeit t_A in Cu–Ni–Fe

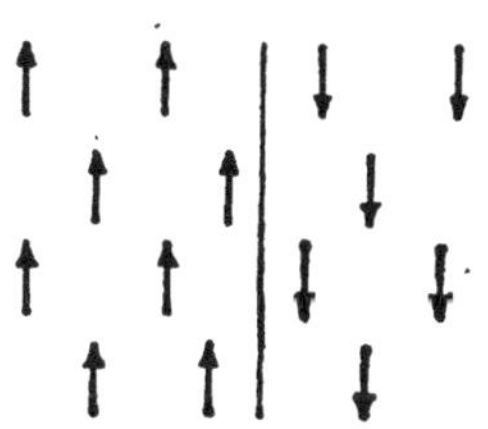

Abb. 9 Wechselwirkungsdomänen, Konfiguration der Teilchenmagnetisierungen

4. Elektrobleche

Elektrobleche sind kubische FeSi-Legierungen mit einem Siliziumgehalt zwischen 0 und 3,5%. Die Möglichkeiten zur Beeinflussung der Werkstoffeigenschaften (es handelt sich dabei in erster Linie um die Arbeitsinduktion B_{25} sowie um die Ummagnetisierungsverluste z.B. $P_{15/50}$ bei 1,5 T Aussteuerung und 50 Hz) sind vielfältig. Als wesentlichste seien genannt:

– Chemische Zusammensetzung: Hier handelt es sich hauptsächlich um die Legierungselemente Silizium bzw. Aluminium, die einerseits über einen erhöhten elektrischen Widerstand die Wirbelstromverluste im Magnetwerkstoff vermindern, andererseits aber auch die Sättigungsmagnetisierung der Legierung herabsetzen.
– Verunreinigungen wie Kohlenstoff, Stickstoff, Sauerstoff und Schwefel erzeugen durch Ausscheidungen Pinningzentren und erhöhen damit H_c und die Verluste. Sie sind außerdem für Alterungseffekte verantwortlich. Ihre Konzentration ist daher für hochwertige Bleche niedrig zu halten. In der modernen, aber auch kostenaufwendigen Clean-Steel-Technologie versucht man sie auf extrem geringe Werte von 10 bis 20 ppm zu begrenzen. Allerdings können nach unseren Erfahrungen höhere Gehalte durchaus gezielt zur Steuerung von Rekristallisations- und Kornwachstumsprozessen und damit zur Eigenschaftsverbesserung genutzt werden.
– Optimale Korngröße
– Texturbildung: Da die magnetisch leichte Richtung in FeSi-Legierungen längs der kubischen Achsen (100) liegt, ist es von Vorteil, Texturen mit einer Ausrichtung der leichten Richtungen in der Blechebene zu erzeugen.

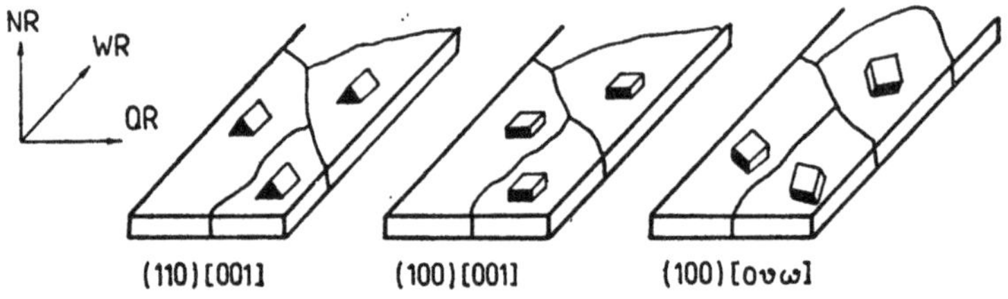

Abb. 10 Günstige Texturen bei Elektroblechen.
Durch die eingezeichneten halben Würfel ist die jeweilige Orientierung der Kristallite gekennzeichnet. Eine Würfelfläche ist dabei schraffiert. Die Angaben in der runden Klammer kennzeichnen die in Normalenrichtung (NR) des Bleches zeigende Kristallitorientierung, die in eckigen Klammern charakterisieren die Orientierung in Walzrichtung (WR).
QR: Querrichtung des Bleches

a) Goß-Textur: (110) [001]
b) Würfelkantentextur: (100) [001]
c) Würfelflächentextur: (100) [ovw], hierbei ist nur die Orientierung in Normalrichtung fixiert, die Verteilung in der Blechebene ist isotrop.

Die Goß-Textur (Abb. 10a) wird bei der Herstellung hochwertiger Transformatorenbleche bereits in großem Umfange technisch genutzt. Die magnetisch leichte Richtung zeigt dabei in Walzrichtung des Bleches. Bei der Konstruktion eines Transformators muß daher darauf geachtet werden, daß der magnetische Fluß stets in diese

Richtung zeigt. Ein ähnlicher Effekt läßt sich durch die Würfelkantentextur (Abb. 10b) erzielen. Es ist jedoch bisher nicht gelungen, Verfahren zur ökonomischen Herstellung dieser Textur industriell einzuführen.

Elektrobleche für rotierende Maschinen erfordern wegen der wechselnden Richtungen der Induktion eine isotrope Verteilung der leichten Richtungen in der Blechebene bei Vermeidung der schweren Richtung (111). Das ist in optimaler Weise bei der Würfelflächentextur (Abb. 10c) der Fall.

Die folgende Tabelle gibt Zahlenbeispiele für die Richtungsabhängigkeit der Arbeitsinduktion B_{25} für eine FeSi-Legierung:

Tabelle 1

Richtung	B_{25}/T
leichte (100)	2,0
(110)	1,5
schwere (111)	1,3
räumlich isotrope Verteilung	1,63
Würfelflächentextur	1,73

Durch Nutzung von Prozessen der Primärrekristallisation und des anomalen Kornwachstums ist es im Zentralinstitut gelungen, neue Wege zur Herausbildung geeigneter Texturkomponenten zu entwickeln und im kleintechnischen Versuch auf industriellen Anlagen zu erproben [3]. Diese Ergebnisse werden im folgenden kurz dargestellt. Durch die Kontrolle der Warmwalzbedingungen und darauf abgestimmte nachfolgende Prozeßschritte bei Kaltwalzen und Wärmebehandlung gelang es, alle der diskutierten, vorteilhaften Texturen herzustellen (Abb. 11). Die Induktionswerte liegen trotz des Gehalts von ca. 1,5% an Legierungselementen Si und Al beträchtlich über denen des kommerziell vertriebenen unsilizierten Elektroblechs. Einen Vergleich mit den das internationale Spitzenniveau repräsentierenden Erzeugnissen der Qualitäten H6, NC-M1 bzw. NC-B1 von Nippon Steel [4] liefert Abb. 12. Folgende Aussagen seien dabei hervorgehoben:

1. Durch den hohen Texturanteil werden die internationalen Spitzenqualitäten bei vergleichbaren Verlusten bezüglich der Arbeitsinduktionen B_{50} beträchtlich übertroffen.

2. Die Texturbildung hat auch Einfluß auf die Senkung der Verluste. Bemerkenswert ist dabei die bisher einmalige Kombination von hohen Arbeitsinduktionen und niedrigen Verlusten.

3. Die zur Herstellung der Elektrobleche verwendeten Technologien stellen keine speziellen Anforderungen an die Anlagentechnik wie das bei der Clean-Steel-Technologie und bei der Produktion von Goß-Texturen der Fall ist.

Abschließend kann hierzu eingeschätzt werden, daß die Möglichkeiten der Texturbildung bei der Produktion hochwertiger Elektrobleche bei weitem noch nicht ausgeschöpft sind.

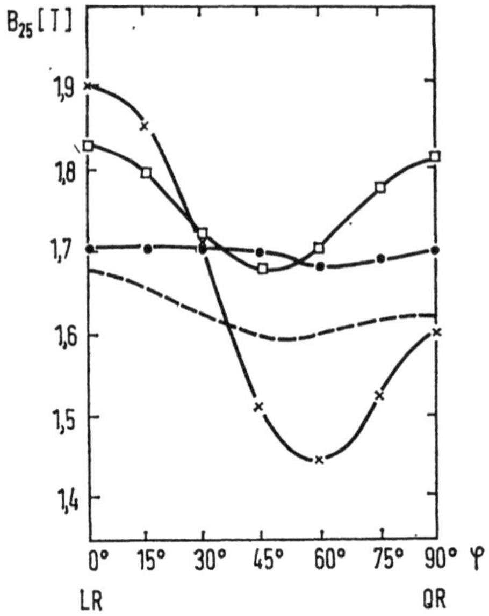

	(110) [001] ×	(100) [001] □	(100) [0vw]	BKE
$\bar{B}_{25} = \frac{1}{2\pi} \int_0^{2\pi} d\varphi\, B_{(\varphi)}$	1,63	1,756	1,694	1,63
$B_{25}^{WQ} = \frac{1}{2} (B_{(0)} + B_{(90)})$	1,75	1,82	1,70	1,655
$B_{25}^{max} = B_{(0)}$	1,90	1,83	1,70	1,68

Abb. 11 Winkelverteilung der Arbeitsinduktion B_{25} in der Blechebene. Der Winkel wird dabei von der Walzrichtung (WR) ausgehend zur Querrichtung (QR) gemessen. Unter der Abbildung wird der Mittelwert $\bar{B}_{25}$ über alle Winkel, der Mittelwert B_{25}^{WQ} von Walz- und Querrichtung sowie der maximale Wert B_{25}^{max} angegeben. Die gestrichelte Linie (BKE) bezieht sich auf ein kommerzielles unsiliziertes Elektroblech.

5. Berechnung atomarer Eigenschaften von Ferromagnetika

Der international erreichte Stand bei der Berechnung der elektronischen Struktur einschließlich der Spinorientierung gestattet die quantitative Bestimmung der Eigenschaften des Grundzustandes eines Festkörpers von ersten Prinzipien ohne Verwendung offener Parameter. Für reine Übergangsmetalle und ihre Legierungen ist dabei eine Genauigkeit von 5 bis 20% typisch. Damit ist auch ein vertieftes Verständnis atomarer magnetischer Eigenschaften möglich.

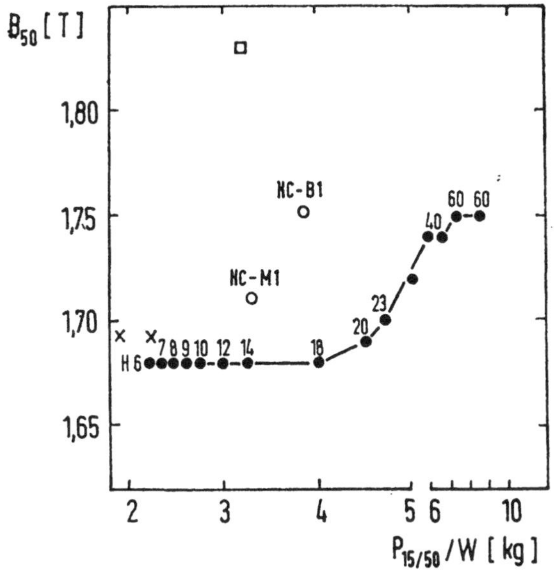

Abb. 12 Vergleich von Werten der Arbeitsinduktion B_{50} und Verlusten $P_{15/50}$ für verschiedene nichtorientierte Dynamobleche (Blechdicke 0,5 mm)

● Qualitäten H60 bis H6 von Nippon Steel [4]
○ NC-M1: Nippon Steel (1% Mn, 0,5% Si, 0,2 % Al)
○ NC-B1: Nippon Steel (0,5% Si, 0,2% Al, 10 ppm S, 20 ppm N, 20 ppm C), entwickelt für den Einsatz in Kleinmaschinen höchster Qualität
× Spitzenqualität Kawasaki (0,35 mm dick)
□ Ergebnisse dieser Arbeit (0,9% Si, 0,6% Al)
Die Spitzenqualität H6 wurde für den Einsatz in Großgeneratoren unter Nutzung der Clean-Steel-Technologie entwickelt (3% Si, 1% Mn, 9 ppm S, 18 ppm N, 20 ppm C) [5]

Am Zentralinstitut wurde dabei die neu entwickelte optimierte LCAO-Methode [6] verwendet, wobei die elektronische Wechselwirkung in der spin-polarisierten lokalen Dichte-Näherung behandelt wurde. Die Berechnung der atomaren Momente μ bzw. der Sättigungsmagnetisierung $M_s = \mu/V_{at}$ (V_{at}: atomares Volumen) als Funktion des Gitterabstands (bzw. des dazu äquivalenten Wigner-Seitz-Radius r_{ws}) und in Abhängigkeit vom Gittertyp (Abb. 13) ermöglicht das Verständnis, wie sich die ganzzahligen atomaren Momente, die durch die Hundsche Regel gegeben sind und die in Abb. 13a) durch horizontale Linien dargestellt sind, bei Verringerung des Gitterabstandes unter Einfluß der Austauschwechselwirkung verändern. Wesentliche Erkenntnisse sind dabei:

– Die kubisch raumzentrierte Gitterstruktur erweist sich als günstig für das Auftreten magnetischer Momente, die mit zunehmender Dichte monoton abnehmen. Eine Druckerhöhung führt somit zu einer Abnahme der magnetischen Momente.

– Bis auf einen schmalen Dichtebereich liegen die Momente für die kfz Gitterstruktur unter denen von krz Gittern. Die Momente in der kfz Struktur ändern sich in der Nähe der Gleichgewichtsdichte sehr stark. Für die Gleichgewichtsdichte der kfz Struktur liegt nur bei Co und Ni ein nichtverschwindendes Moment vor.
– Die Sättigungsmagnetisierung (Abb. 13b) der krz Phase läßt sich durch Verringerung der atomaren Abstände in geringem Maße erhöhen. Bei Mn und V ist eine Erhöhung von M_s durch Vergrößerung der atomaren Abstände möglich („Verdünnung" durch Legierung). Der experimentell beobachtete Wert von M_s für Eisen dürfte sich jedoch nur geringfügig erhöhen lassen. Eine hier nicht dargestellte Rechnung [8] zeigt, daß das in der ungeordneten Legierung Fe–Co in Übereinstimmung mit der empirischen Slater-Pauling-Kurve möglich ist.

Der Autor dankt den Kollegen, die durch ihre Arbeit zu diesem Vortrag beigetragen haben und übermittelt auch in ihrem Namen dem Jubilar Otto Henkel mit ihrem Dank die besten Glückwünsche.

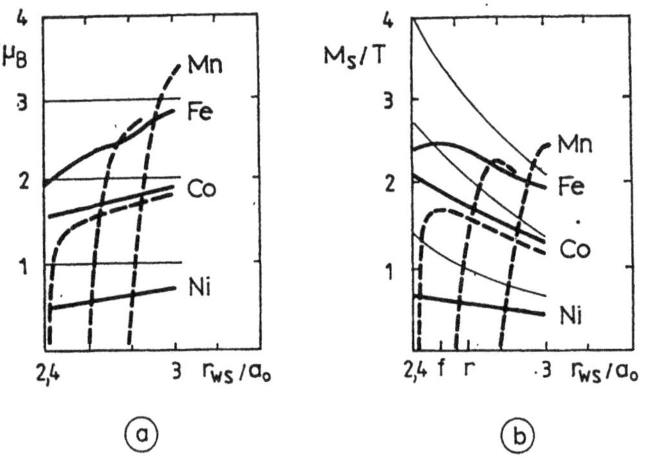

Abb. 13
a) Atomare Momente der Übergangsmetalle Mn, Fe, Co und Ni als Funktion des Wigner-Seitz-Radius r_{ws} für krz oder kfz Gitter [7]. μ_B Bohrsches Magneton, a_0 Wasserstoffradius
b) Sättigungsmagnetisierung als Funktion von r_{ws}. Mit f bzw. r sind die Gleichgewichtswerte von r_{ws} für kfz bzw. krz Gitter bezeichnet. krz: ausgezogen kfz: gestrichelt

Literatur

[1] U. Heinecke, O. Henkel: Zur Wechselwirkung in hartmagnetischen Werkstoffen; in Magnetismus, VEB Deutscher Verlag für Grundstoffindustrie, Leipzig, 1967, sowie Zitate darin.
O. Henkel: Zur Mikromagnetik von Einbereichsteilchen in metallischen Spezialwerkstoffen, Akademie-Verlag, Berlin, 1963.

[2] E. P. Wohlfarth: Relations between Different Modes of Acquisition of the Remanent Magnetization of Ferromagnetic Particles, J. Appl. Phys. **29** (1958) 595.
[3] G. Lehmann, H. Wich, H. Reiche: Texturized Electric Steels for Rotating Machines, Proc. Conf. Soft Magnetic Materials 9, Madrid, 1989, 4.21.
[4] K. Honma, I. Nozawa, H. Kobayashi, Y. Shimoyama, I. Tachino, K. Miyoshi, Proc. Intermag Conf., 1985.
[5] Nippon Steel Corporation, Katalog Nr. EXE 711, April 1985, Nr. EXE 318, November 1985.
[6] H. Eschrig: Optimized LCAO Method and the Electronic Structure of Extended Systems, Akademie-Verlag, Berlin, 1988.
[7] R. Richter, H. Eschrig: G4-Forschungsbericht, 1986, ZFW Dresden, (unveröffentlicht).
[8] R. Richter, H. Eschrig: J. Phys. F **18** (1988) 1813.

Werner Haubenreißer

Magnetpigment-Forschung für die magnetomotorische Senkrechtspeicherung

1. Allgemeine Aspekte

Bei der magnetomotorischen Senkrechtspeicherung erfolgt die digitale Informationsaufzeichnung in einer magnetischen Speicherschicht, wo die Vorzugsachse der magnetischen Anisotropie V. A. senkrecht zur Speicherschichtebene steht (s. Abb. 1). Die digitalen Informationen werden in Bit-Zellen eingeschrieben, indem der Magnetisierungsvektor ↑ bzw. ↓ parallel zur Vorzugsachse orientiert wird. Das Volumen einer Bit-Zelle beträgt $V_B = \lambda/2 \cdot d_s \cdot d_{sp}$, wobei λ die Aufzeichnungswellenlänge, d_s die Speicherschichtdicke und d_{sp} die Spurbreite der magnetischen Aufzeichnung bedeuten. Zwischen den Bit-Zellen mit den Magnetisierungsvektoren ↑ und ↓ treten steile Magnetisierungsübergänge auf, da das Entmagnetisierungsfeld in diesem Übergangsbereich auf den Wert Null absinkt. Infolgedessen können bei der Senkrechtspeicherung

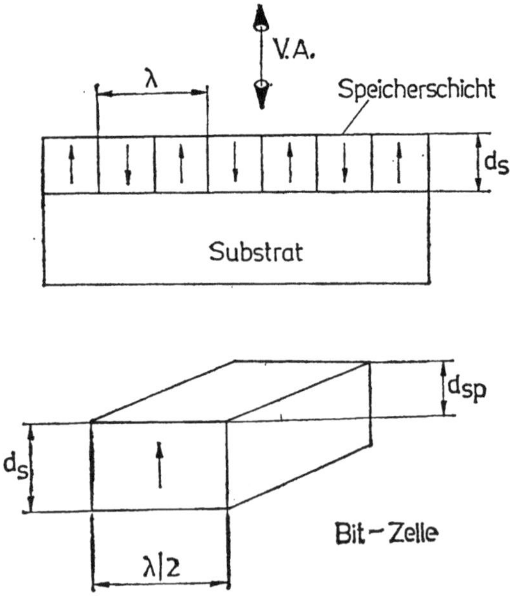

Abb. 1 Prinzip der Senkrechtspeicherung

mit abnehmender Aufzeichnungswellenlänge λ eine große Anzahl von Magnetisierungsübergängen bzw. Flußwechseln pro mm erreicht werden, und zwar ohne Herabsetzung der Speicherschichtdicke, da $d_s > \lambda/2$ realisierbar ist [1]. Soll die magnetische Speicherschicht für die magnetomotorische Senkrechtspeicherung aus Magnetpigmenten, d.h. magnetisch einachsigen $BaFe_{12-2x}Co_xTi_xO_{19}$-Einbereichsteilchen aufgebaut werden, dann müssen diese Einbereichsteilchen (EBT) durch Einbettung in eine Bindemittelmatrix so orientiert werden, daß deren Vorzugsachsen möglichst senkrecht zur Speicherschichtebene liegen. Nach TOSHIBA [2] werden solche Senkrechtspeichermedien aus $BaFe_{12-2x}Co_xTi_xO_{19}$-EBT-Kollektiven entwickelt, um für die digitale Audio-, Video- und Datenverarbeitungstechnik magnetische Datenträger (Band, Diskette, Festplatte) mit höherer linearer Speicherdichte und höherer Speicherflächendichte (lineare Speicherdichte · Spurdichte) bereitzustellen. Die dabei angestrebten speichertechnischen Zielparameter (z.B. Aufzeichnungswellenlängen λ bzw. Bit-Länge $\lambda/2$ im Submikrometerbereich, kleines Bit-Zellenvolumen, großes Signal-Rausch-Verhältnis S/R, großes Lesesignal bei kleinem λ-Wert) erfordern die Herstellung und Charakterisierung von $BaFe_{12-2x}Co_xTi_xO_{19}$-EBT-Kollektiven mit bestimmten geometrischen, strukturellen, chemischen und magnetischen Parametern, um optimale Aufnahme- und Wiedergabe-Charakteristika zu erreichen [2–7]. Die zentrale Aufgabe der Magnetpigment-Forschung für die magnetomotorische Senkrechtspeicherung besteht infolgedessen darin, diese Eigenschaftsparameter unter Vorgabe speichertechnischer Zielparameter zu realisieren. Da die Anzahl von $BaFe_{12-2x}Co_xTi_x O_{19}$-EBT pro Volumeneinheit das Potential der magnetomotorischen Senkrechtspeicherung bestimmt, müssen bei kleinem Bit-Zellenvolumen möglichst viele EBT in diesem untergebracht werden, da z.B. das S/R-Verhältnis proportional zu $Z^{1/2}$ bzw. zu $(1/\bar{V})^{1/2}$ ist, wobei Z die Zahl der EBT im Bit-Zellenvolumen und $\bar{V}$ das mittlere EBT-Volumen bedeuten. Wird das hexagonale plättchenförmige $BaFe_{12-2x}Co_xTi_x$–O_{19}-EBT mit der hexagonalen c-Achse senkrecht zur Plättchenebene als Vorzugsachse der einachsigen magnetischen Anisotropie magnetostatisch durch ein Rotationsellipsoid approximiert (s. Abb. 2), so besitzt dieses das Volumen $V = \pi/3\ D^3/R$, wobei D den

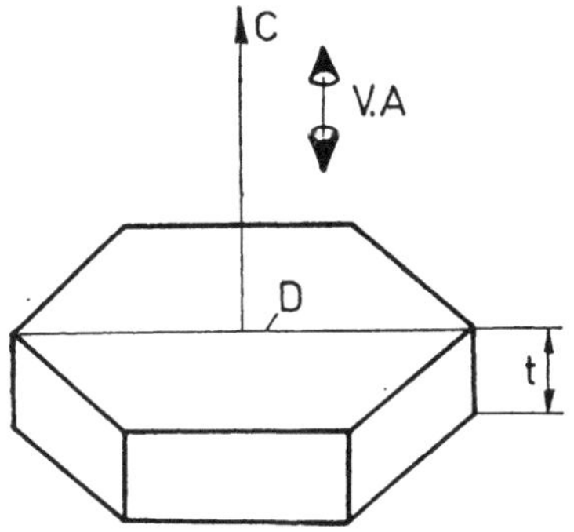

Abb. 2 Geometrische Parameter eines hexagonalen Ba-Hexaferrit-Einbereichsteilchens. D = Durchmesser, t = Dicke, $R = D/t$ Aspektverhältnis

Durchmesser, t die Dicke und $R = D/t$ das Aspektverhältnis des EBT bezeichnen. Werden für das Bit-Zellenvolumen die Daten $d_s = 3$ µm, $d_{sp} = 3$ µm und $\lambda = 0{,}3$ µm verwendet, dann ist $V_B \approx 10^{-12}$ cm³. Bei Zugrundelegung der Mittelwerte $\bar{D} = 0{,}05$ µm und $\bar{t} = 0{,}02$ µm für ein EBT [2, 3], ergibt sich $\bar{V} \approx 5.10^{-17}$ cm³, so daß bei einer Packungsdichte $p = 0{,}5$ von EBT ca. $Z \approx 10^4$ EBT pro Bit-Zellenvolumen vorhanden sind.

Diese Aspekte sollten deutlich machen, daß bei der Entwicklung von $BaFe_{12-2x}Co_xTi_xO_{19}$-EBT-Kollektiven für die magnetomotorische Senkrechtspeicherung die geometrischen EBT-Eigenschaftsparameter in enger Korrelation mit speichertechnischen Parametern [6] und magnetischen Parametern (s. Abschnitt 2.2.) stehen.

2. *Herstellung und Charakterisierung von $BaFe_{12-2x}Co_xTi_xO_{19}$-Einbereichsteilchen-Kollektiven*

2. 1. Einbereichsteilchen-Herstellungs-Technologie

Mit dem Glaskristallisationsverfahren [2, 7—10] können $BaFe_{12-2x}Co_xTi_xO_{19}$-EBT-Kollektive mit einstellbaren geometrischen Parametern (Teilchengröße, Teilchenform, Teilchengrößenverteilung), Strukturparametern (hexagonale Magnetoplumbitstruktur vom M-Typ) und magnetischen Parametern (Sättigungsmagnetisierung M_S, remanente Magnetisierung M_R, Koerzitivfeldstärke H_C, Anisotropiefeldstärke H_K, Curietemperatur T_C) hergestellt werden. Bei diesem EBT-Herstellungsverfahren fließt eine homogene Flußschmelze aus $BaO-B_2O_3-Fe_2O_3-CoO-TiO_2$ bei einer Temperatur von 1300 °C zwischen den Spalt zweier in entgegengesetzter Richtung rotierender Stahlwalzen, wodurch eine Schnellerstarrung der Flußschmelze mit einer Abkühlgeschwindigkeit von ca. 10^4-10^5 K/S erfolgt und diese in einen glasartigen Zustand übergeht. Die dabei gebildeten amorphen Flakes haben eine Dicke von etwa 30—100 µm. Durch Tempern dieser amorphen Flakes bei Temperaturen größer als 500 °C nach einem bestimmten Zeitregime (Kristallisationskinetik) werden Borat- und Hexaferrit-Phasen gebildet. Mit Hilfe einer Extraktions-Technik wird die kristalline $BaFe_{12-2x}Co_xTi_xO_{19}$-Phase aus der Restmatrix herausgelöst und liegt als Feinpulver vor.

Das Glaskristallisationsverfahren hat folgende Vorteile:

— Die $BaFe_{12-2x}Co_xTi_xO_{19}$-EBT haben eine enge Teilchengrößenverteilung (weil eine große Anzahl kleiner Teilchen homogen und gleichmäßig innerhalb der Glasmatrix kristallisiert).
— Die $BaFe_{12-2x}Co_xTi_xO_{19}$-EBT bestehen aus individuellen Kristalliten, die nicht aggregiert oder versintert sind (weil dies die Glasmatrix verhindert).
— Durch die Kristallisationskinetik (Kristallisationstemperatur und -zeit) und die chemische Zusammensetzung der amorphen Flakes kann die mittlere Teilchengröße $\bar{D}$, $\bar{t}$ bzw. das Aspektverhältnis $\bar{R}$ eingestellt werden.
— Die individuellen Kristallite haben eine gute Kristallperfektion (weil diese bei genügend hoher Temperatur langsam wachsen).

– Die magnetischen Parameter M_S, M_R, H_C, H_K und T_C können in Abhängigkeit von der Kristallisationskinetik, der chemischen Zusammensetzung x und den geometrischen Parametern (D, t, R) gezielt eingestellt werden.
– Das Glaskristallisationsverfahren eignet sich für die Massenproduktion von substituierten $BaFe_{12}O_{19}$-EBT-Kollektiven.

2.2. Charakterisierung von Einbereichsteilchen und Einbereichsteilchen-Kollektiven

2.2.1. Einbereichsteilchen

$BaFe_{12-2x}Co_xTi_xO_{19}$-EBT werden durch die Teilchenparameter charakterisiert:

– geometrische Parameter: D, t, $R = D/t$, $V = \pi/3\ D^3/R$

Dabei werden EBT gefordert, für die gilt $V_{SPT} \ll V \ll V_{MBT}$ bzw. $D_{SPT} \ll D \ll D_{MBT}$, wobei V_{SPT}, D_{SPT} das Volumen bzw. den Durchmesser von superparamagnetischen EBT und V_{MBT}, D_{MBT} das Volumen bzw. den Durchmesser von magnetischen Mehrbereichsteilchen bedeuten ($D_{SPT} \approx 0{,}01$ µm und $D_{MBT} \approx 0{,}2$ µm für $x = 0{,}8$). Wenn $V_{SPT}/V \lesssim 1$ ist, dann treten thermische Fluktuationseffekte bei der EBT-Ummagnetisierung auf, die bei der Beschreibung des magnetischen Verhaltens von EBT-Kollektiven einbezogen werden müssen [13].

– chemische Zusammensetzung: x

– strukturelle Parameter: hexagonale Magnetoplumbit-Struktur vom M-Typ

– magnetische Parameter:

$M_s\,(x, T, D, t, R)$ (Sättigungsmagnetisierung)

$M_R\,(x, T, D, t, R)$ (remanente Magnetisierung)

$T_C(x)$ (Curie-Temperatur)

$H_K = H_A + H_D$ (Anisotropiefeldstärke)

$H_A = \dfrac{2\mathrm{Ku}(x\ T)}{M_S}$ (Kristallanisotropiefeldstärke)

$H_D = -\,N(R) M_S$ (Formanisotropiefeldstärke)

$H_C\,(x, T, D, t, R)$ (Koerzitivfeldstärke),

wobei $\mathrm{Ku}(x,T)$ die einachsige magnetische Kristallanisotropieenergiekonstante mit der V.A. der Magnetisierung senkrecht zur Speicherschichtebene und T die absolute Temperatur bezeichnen. $N(R)$ ist der vom Aspektverhältnis R abhängige Entmagnetisierungsfaktor des EBT. Wenn das äußere Magnetfeld H parallel zur V.A. der einachsigen magnetischen Anisotropie liegt, dann gilt nach dem Stoner-Wohlfarth-EBT-Modell [11] $H_K = H_C$, so daß H_K die Bedeutung einer Schaltfeldstärke für den Magnetisierungsübergang von M_R nach $-M_R$ besitzt (im allgemeinen ist die Schaltfeldstärke von der Orientierung des Magnetfeldes zur Vorzugsachse abhängig). Weiterhin ist die Kenntnis der Magnetisierungskurve $M[\vec{H}]$ eines EBT relevant, um Aussagen über H_C, M_R und den Ummagnetisierungsmodus (homogene und/oder inhomogene Rotation) zu erhalten.

2.2.2. Einbereichsteilchen-Kollektive

EBT-Kollektive werden durch die Mittelwerte $\bar{Y}$ und die Verteilungsfunktionen $P(Y)$ der Teilchentemperatur $Y = D, t, R, V, H_K$ einzelner EBT charakterisiert. Dabei ist $\bar{Y}$ definiert durch $\bar{Y} = \int YP(Y)dY$ mit $\int P(Y)dY = 1$. Gefordert werden enge $P(Y)$-Verteilungen für EBT-Kollektive, die mit dem Glaskristallisationsverfahren (s. Abschnitt 2.1.) hergestellt werden können. Zur Beschreibung des Eigenschaftsspektrums von EBT-Kollektiven müssen für den allgemeinen Fall die Verteilungsfunktionen $P(H_K)$. $P(Y)$, $P(V.A.)$ und $P(Hww)$ ($Y = D, t, R, V$) einbezogen werden, wobei P(V.A.) die räumliche Verteilung der V.A. der einachsigen magnetischen Anisotropie der EBT und P(Hww) die Verteilung der magnetostatischen Wechselwirkungsfelder Hww zwischen den EBT beschreibt. Die P(Hww)-Verteilung ergibt sich aus dem Sachverhalt, daß auf ein EBT ein von der räumlichen EBT-Anordnung im EBT-Kollektiv abhängiges inneres Magnetfeld $H_i = H + H_L + H_E + \text{Hww}$ wirkt, dessen Ortsabhängigkeit durch ein stochastisches Feld Hww approximiert werden kann. Dabei bedeuten $H_L = 1/3\, pM_S$ das Lorentzfeld und $H_E = -N_P M_S p$ das makroskopische Entmagnetisierungsfeld der Probe bei einer EBT-Packungsdichte p (N_p = Entmagnetisierungsfaktor der Probe). Wird das $BaFe_{12-2x}Co_x{-}Ti_xO_{19}$-EBT-Kollektiv durch Stoner-Wohlfarth-EBT beschrieben, d.h. bei Annahme der homogenen Rotation als Ummagnetisierungsmodus, Hww = 0 und $V \gg V_{SPT}$, dann kann die $\bar{M}(H)$-Kurve aus der Relation berechnet werden:

$$\frac{\bar{M}}{M_s}(H) = \int_0^\infty dH_K \int_{-\infty}^{\infty} d\text{Hww}\, P(H_K) P(\text{Hww})\, m\left[\frac{H + H_L + H_E + \text{Hww}}{H_K}\right], \tag{1}$$

wo $m[H_i/H_K]$ die über die Richtungsverteilung P(V.A.) gemittelte Stoner-Wohlfarth-EBT-Magnetisierungskurve [11] darstellt. Die $P(V)$-Verteilung muß für den Fall berücksichtigt werden, daß V_{SPT}/V-Effekte relevant sind [13]. Die Berechnung der $\bar{H}_C$-Feldstärke nach (1) aus $\bar{M}(H = \bar{H}_C) = 0$ zeigt, daß eine $P(H_K)$- und P(Hww)-Verteilung immer zu einer Erniedrigung des $\bar{H}_C$-Wertes führt [13, 14].

3. Ergebnisse zum Stand der Forschung

Zur Bestimmung der geometrischen Parameter $Y = D, t, R, V$ von EBT und deren Verteilungsfunktionen $P(Y)$ werden raster- und transmissionselektronenmikroskopische Untersuchungsmethoden (REM- und TEM-Technik) eingesetzt. Experimentell wird dabei die Häufigkeit W in [%] für das Auftreten des Teilchenparameters Y im EBT-Kollektiv innerhalb des Intervalls $[Y, Y + \Delta Y]$ ermittelt, wobei zwischen W und $P(Y)$ die Relation besteht

$$W = \int_Y^{Y+\Delta Y} P(Y)dY. \tag{2}$$

In Abb. 3 ist nach [10] die Häufigkeit $W[D]$ für das Auftreten von unterschiedlichen Teilchendurchmessern D in dem $BaFe_{10,2}Co_{0,9}Ti_{0,9}O_{19}$-EBT-Kollektiv dargestellt, das nach dem Glaskristallisationsverfahren hergestellt wurde. Für $P(t)$, $P(R)$ bzw. $W[t]$, $W[R]$ werden dabei nach (2) ähnliche enge Verteilungen bzw. Häufigkeiten wie bei $P(D)$ bzw. $W[D]$ erhalten.

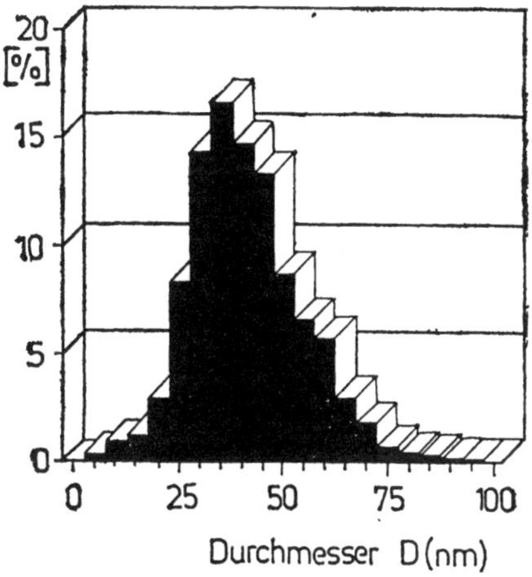

Abb. 3 Häufigkeit $W[D]$ für das Auftreten von Teilchen-Durchmessern D im $BaFe_{10,2}Co_{0,9}Ti_{0,9}O_{19}$-Einbereichsteilchen-Kollektiv

Zur Ermittlung der $P(H_K)$- und $P(V)$-Verteilung sowie der Größe und des Vorzeichens des magnetostatischen Wechselwirkungsfeldes Hww in EBT-Kollektiven werden die Standard-Remanenzkurvenmethoden (Gleichfeld- und Gegenfeld-Remanenzmagnetisierungskurven) eingesetzt [12—14]. Aus der gemessenen Feldabhängigkeit der Gleichfeldremanenz $\overline{M}_R(H)$ und der Temperaturabhängigkeit der Sättigungsremanenz $\overline{M}_{SR}(T)$ können $P(H_K)$ bzw. $P(V)$ direkt bestimmt werden. Untersuchungen an $BaFe_{12-2x}Co_xTi_xO_{19}$-EBT-Kollektiven ergaben, daß die aus der experimentellen $\overline{M}_R(H)$-Abhängigkeit ermittelte $P(H_K)$-Verteilung auf einer Streuung des Aspektverhältnisses R der EBT im EBT-Kollektiv beruht, da $H_K(R) = H_A - N(R)M_S$ ist [14]. Weiterhin bedingt eine $P(\overline{H}_K)$-Verteilung, daß der nach (1) aus $\overline{M}(H = \overline{H}_C) = 0$ mit Hww $= 0$ berechnete $\overline{H}_C$-Wert kleiner als der Stoner-Wohlfarth-Wert $(\overline{H}_C)_{sw} = 0{,}48\,\overline{H}_K$ ist, der unter der Annahme $P(H_K) = \delta(H_K - \overline{H}_K)$ erhalten wird [11, 13, 14]. Damit können die experimentell ermittelten $\overline{H}_C$-Werte in $BaFe_{12-2x}Co_xTi_xO_{19}$-EBT-Kollektiven [15] auf der Basis des Stoner-Wohlfarth-EBT-Modells unter Einbeziehung einer $P(H_K)$-Verteilung erklärt werden. Um Aussagen über die Existenz von magnetostatischen Wechselwirkungen Hww in einem $BaFe_{12-2x}Co_xTi_xO_{19}$-EBT-Kollektiv zu erhalten, wird der sog. HENKEL-Plot verwendet [12]. Hierbei wird die

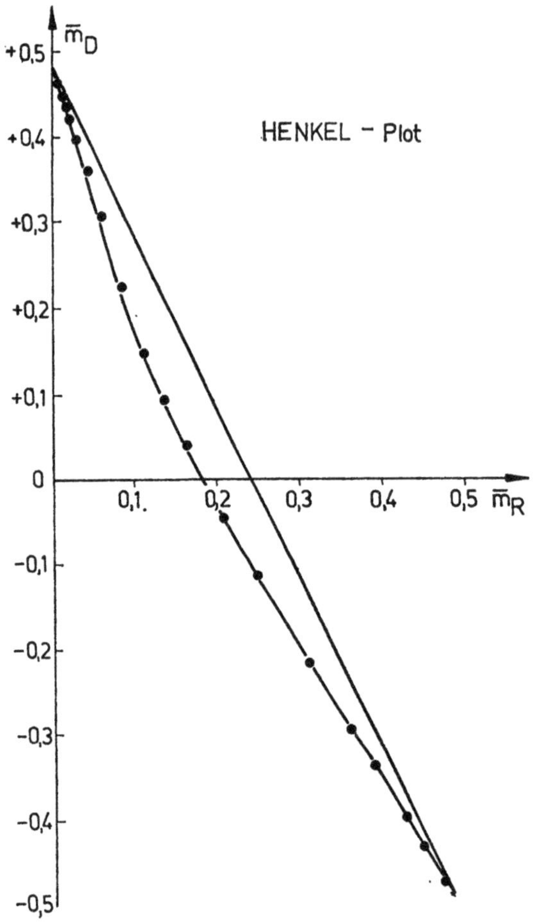

Abb. 4 Gegenfeld-Remanenz $\overline{m}_D$ in Abhängigkeit von der Gleichfeld-Remanenz $\overline{m}_R$ für das $BaFe_{12-2x}Co_xTi_xO_{19}$-Einbereichsteilchen-Kollektiv mit x = 0,8

gemessene Gleichfeld-Remanenzmagnetisierung $\overline{m}_R = \overline{M}_R(H)/M_S$ in Abhängigkeit von der Gegenfeld-Remanenzmagnetisierung $\overline{m}_D = \overline{M}_D(H)/M_S$ aufgetragen (s. Abb. 4). Bei wechselwirkungsfreien EBT-Kollektiven besteht nach der Wohlfarthschen Relation

$$\overline{m}_D(H) = \overline{m}_{RS} - 2\overline{m}_R\,(H) \tag{3}$$

ein linearer Zusammenhang zwischen $\overline{m}_D$ und $\overline{m}_R$, wo $\overline{m}_{RS} = \dfrac{M_R(H \to \infty)}{M_S}$ die Sättigungsremanenz bedeutet. Ist dagegen Hww $\neq$ 0, so besteht im Gegensatz zu (3) zwischen $\overline{m}_D$ und $\overline{m}_R$ eine nichtlineare Beziehung, aus der einerseits Informationen über das Auftreten einer magnetostatischen EBT-EBT-Wechselwirkung und andererseits Aussagen über das Vorzeichen, die Größe und den mikroskopischen Magnetisierungszustand in einem EBT-Kollektiv erhalten werden können. In Auswertung des HENKEL-Plots und der $\overline{m}_R(H)$- und $\overline{m}_D(H)$-Kurven konnte gezeigt werden, daß in $BaFe_{12-2x}Co_xTi_xO_{19}$-EBT-Kollektiven Hww negativ und von der Größe 50(Oe) ist, d.h. in diesen EBT-Kollektiven treten räumliche EBT-Konfigurationen auf, welche den entmagnetisierenden Zustand stabilisieren [14].

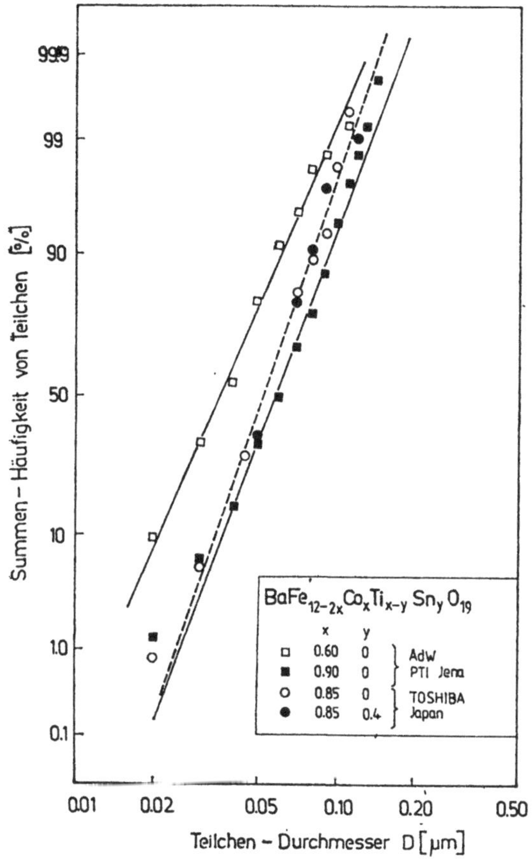

Abb. 5 Summenhäufigkeit für das Auftreten von Einbereichsteilchen bis zu einem Teilchendurchmesser D im $BaFe_{12-2x}Co_xTi_{x-y}Sn_yO_{19}$-Einbereichsteilchen-Kollektiv

Mit diesen Ergebnissen sollte ein Einblick zum Stand der experimentellen und theoretischen Durchdringung des Eigenschaftsspektrums von $BaFe_{12-2x}Co_xTi_xO_{19}$-EBT-Kollektiven gegeben werden, der insbesondere durch die Arbeiten [10, 13, 14] mitbestimmt wird. Eine offene Frage ist noch, inwieweit für „große" Stoner-Wohlfarth-EBT [13] die curling mode als Ummagnetisierungs-Modus für $BaFe_{12-2x}Co_xTi_xO_{19}$-EBT-Kollektive mit in Betracht zu ziehen ist, was allerdings die Kenntnis der Keimbildungsfeldstärke für die curling mode bei dreidimensional endlichen EBT voraussetzt. Abgesehen von diesem Sachverhalt kann der Stand der Entwicklung von $BaFe_{12-2x}Co_xTi_xO_{19}$-EBT-Kollektiven für die magnetomotorische Senkrechtspeicherung so eingeschätzt werden, daß die im PTI der AdW der DDR nach dem Glaskristallisationsverfahren hergestellten substituierten Barium-Hexaferrit-Pigmente dem von TOSHIBA repräsentierenden internationalen Forschungsstand entsprechen. Diese Aussage wird durch die Abb. 5 dokumentiert, wo ein Vergleich der geometrischen Parameter von PTI- und TOSHIBA-Magnetpigmenten durchgeführt ist. Damit wurden Voraussetzungen geschaffen, um $BaFe_{12-2x}Co_xTi_xO_{19}$-EBT-Pulver für die Entwicklung von magnetischen Datenträgern (Band, Diskette, Festplatte) mit hoher Speicherdichte für die Einsatzfelder digitale Audio-Technik (R-DAT-System), Video-Technik (S-VHS-System) und Datenverarbeitungstechnik (Computer-Band, Diskette, Festplatte) bereitzustellen [2, 3].

Literatur

[1] J. K. Howard: Thin films for magnetic recording technology: A review. J. Vac. Sci. Technol. A 4(1) (1986) 1–13.

[2] TOSHIBA Review No. 154 (1985) und TOSHIBA Review Nr. 11, Vol. 43 (1988).

[3] T. Fujiwara: Barium Ferrite Media for Perpendicular Recording. IFEE Trans. Magnet. MAG-Vol. 21, No. 5 (1985) 1480–1485.

[4] O. Kubo, T. Ido, H. Yokoyama und Y. Koike: Particle size effects on magnetic properties of $BaFe_{12-2x}Co_xTi_xO_{19}$ fine particles. J. Appl. Phys. 57 (1) (1986) 4280–4282.

[5] M. Isshiki, T. Suzuki, T. Ito, T. Ido and T. Fujiwara: Relations between Coercivity and Recording Performances for Barium Ferrite Particulate Perpendicular Media. IEEE Trans. Magnet. MAG-Vol. 21, No. 5 (1985) 1486–1488.

[6] T. Fujiwara: Magnetic Properties and Recording Characteristics of Barium Ferrite Media. IEEE Trans. Magnet. Vol. MAG-23, No. 5 (1987) 3125–3130.

[7] O. Kubo, T. Ido und H. Yokoyama: Properties of Ba ferrite particles for perpendicular magnetic recording media: IEEE Trans. Magnet. Vol. MAG-18, No. 6 (1982) 1122–1124.

[8] H. Hibst: Hexagonale Ferrite aus Schmelzen und wäßrigen Lösungen, Materialien für magnetische Aufzeichnungen. Angewandte Chemie 94. Jahrg., Heft 4 (1982), 263–274.

[9] Y. Zheng, L. Jian-Zhong, Z. Pei, G. Sheng-li, Ch. Ziyu: Preparation and Magnetic Properties of the Co and Ti Substituted Ba-Ferrite Fine Platelet Particles. IEEE Trans. Magnet. Vol. MAG-23 (1987), 3131–3137.

[10] P. Görnert, E. Sinn, W. Schüppel, H. Pfeiffer, M. Rösler, Th. Schubert, M. Jurisch and R. Sellger: Structural and Magnetic Properties of $BaFe_{12-2x}Co_xTi_xO_{19}$ Powders

Prepared By the Glass Crystallisation Method, IEEE Trans. Magnet. Vol. MAG-18 (1990) 12–14.
[11] E. C. Stoner und E. P. Wohlfarth: A Mechanism of Magnetic Hysteresis in Heterogeneous Alloys. Phil. Roy. Soc. 240 A (1948) 599–644.
[12] G. W. D. Spratt, P. R. Bissell and R. W. Chantrell: Static and Dynamic Experimental Studies of Particulate Recording Media. J. Magnet. Mag. Materials 75 (1988) 309–318.
[13] H. Pfeiffer: Determination of Anisotropy Field Distribution in Particle Assemblies Taking into Account Thermal Fluctuations, phys. stat. sol. (a) 118 (1990) 295–306.
[14] H. Pfeiffer und W. Schüppel: Investigation of Magnetic Properties of Barium Ferrite Powders by Remanence Curves, phys. stat. sol. (a) 119 (1990) 259–269.
[15] G. Turilli, and A. Paoluzi: Anisotropy Field Measurement and Magnetization Reversal in (Co–Ti) Substituted Hexaferrites. IEEE Trans. Magnet. Vol. MAG-24, No. 6 (1988) 2865–2867.

Wolfgang Pompe

Theorie in der Werkstoffwissenschaft

Das wissenschaftliche Wirken von Akademiemitglied Otto Henkel war mit seiner Tätigkeit im Labor oder später als Leiter größerer Forschungskollektive einem großen gewidmet gewesen – in unserem Land die Werkstoffwissenschaft als modernes Wissenschaftsgebiet im Grenzgebiet von Naturwissenschaften und Technikwissenschaften zu entwickeln. In manchem Gespräch mit ihm, aber auch bei vielen Entscheidungen glaubte ich verstanden zu haben, daß ihm, der seine wissenschaftliche Arbeit als Experimentator begann, dabei die Förderung der Theorie besonders am Herzen lag. Aus diesem Grund möchte ich zu diesem Ehrenkolloquium mit einigen Gedanken zur Stellung der Theorie in der Werkstoffwissenschaft meinen persönlichen Dank Otto Henkel ausdrücken. Wenn ich versuche, mich hierzu zu äußern, so geschieht es aus der Sicht meines Fachgebietes, den Untersuchungen zum mechanischen Verhalten.

1. Zur Berechtigung einer Theorie in der Werkstoffwissenschaft

Denken wir über die Stellung der Theorie in der Werkstoffwissenschaft nach, so ist es zunächst notwendig, kurz zu erklären, welchen Inhalt die Werkstoffwissenschaft hat. Werner Schatt umreißt ihn in seinem Vorwort zur „Einführung in die Werkstoffwissenschaft", indem er sie als ein Wissensgebiet kennzeichnet, „das ein in den Einzelheiten bei weitem nicht vollständiges, doch aber in den wesentlichen Zügen umrissenes und wissenschaftlich begründetes Bild von den Werkstoffeigenschaften und deren Ursachen sowie den Möglichkeiten, diese beeinflussen und verändern zu können, gibt. Für die Stellung der Werkstoffwissenschaft ist es von grundsätzlicher Bedeutung, daß ihr Objekt, der Werkstoff, von ausgeprägt komplexer Natur sowie mit vielen „Schmutzeffekten" behaftet ist und ein für einen bestimmten technischen Verwendungszweck gedachtes Erzeugnis darstellt.". Damit ist also klar gesagt, daß es hierbei um die wissenschaftliche Betrachtung des Werkstoffes als technisches Gebilde geht. Im Mittelpunkt stehen somit die Aufklärung der Zusammenhänge von Struktur, Eigenschaft und Herstellung des realen Werkstoffes, eingebettet in das Feld möglicher technischer Anwendungen.

Die Werkstoffwissenschaft hat wesentliche Wurzeln in den Naturwissenschaften

Physik, Chemie und in jüngerer Zeit auch zunehmend in der Biologie (Abb. 1). Bei ihrer Umsetzung in der Werkstofftechnik nutzt sie zugleich wichtige Entwicklungen der Festkörpermechanik, der Fertigungstechnik, der Verfahrenstechnik, der Elektrotechnik/Elektronik und nun auch der Biotechnologie. Dieser Platz zwischen Naturwissenschaften und Technikwissenschaften macht klar, daß die Werkstoffwissenschaft nicht einer dieser Seiten ausschließlich zugeordnet werden kann, ohne ihren inhaltlichen Anspruch aufzugeben.

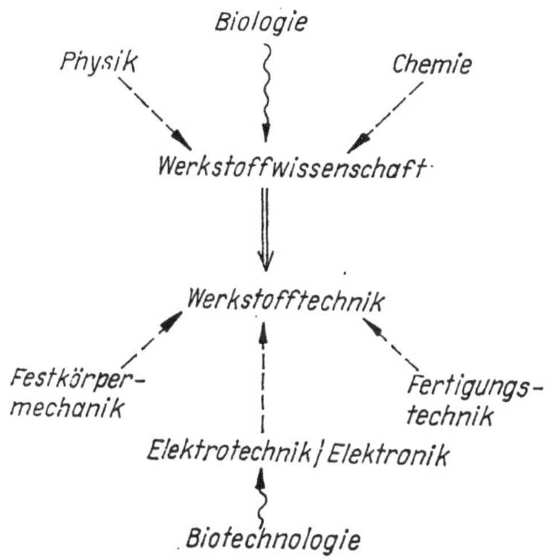

Abb. 1 Wesentliche inhaltliche Bezüge der Werkstoffwissenschaft

Zugleich wird aber auch das Spannungsfeld deutlich, in dem sich ein Werkstoffwissenschaftler befindet, aus dem nicht unfruchtbarer Streit um Abgrenzungen, sondern schöpferischer Impuls für die wissenschaftliche Entwicklung entstehen sollte. Streng genommen ist es das alte Problem an der Grenze zwischen Technik und Naturwissenschaften. Im alten Griechenland verstand man unter Technik etwas, was mit Naturverständnis nichts zu tun habe, weil es dem natürlichen Lauf der Dinge entgegenwirke. Heute droht teilweise aus dem unübersehbaren Erfolg der Technikwissenschaft hingegen oftmals eine ungerechtfertigte Vernachlässigung naturwissenschaftlicher Betrachtungsweise um sich zu greifen. Werkstoffwissenschaft kann für die Harmonisierung beider Zugänge viel leisten.

Unabhängig davon bleibt aber in ernsthaften Diskussionen eine Frage offen. Mit dem erklärten Ziel der Werkstoffwissenschaftler, den Werkstoff als Objekt für eine technische Anwendung zu entwickeln, ist es verständlich, daß die bestimmende Forschungsmethode eine empirische ist. Ist damit ein angemessener Anteil theoretischer Forschung in Frage gestellt? Sind Empirie und Theorie einander widersprechende Kategorien?

Betrachten wir zunächst ein Beispiel, das jedem Werkstoffwissenschaftler gut bekannt ist — die Untersuchung der Plastizität. Bereits um die Jahrhundertwende war in der theoretischen Mechanik die Theorie linienhafter Singularitäten des Spannungsfeldes gut ausgearbeitet. Eine spezielle davon ist die Versetzung. Etwa dreißig Jahre später wurde bei der Beschreibung plastischer Verformungsexperimente eben dieser Begriff auch eingeführt. Von nun an vollzog sich eine intensive Erforschung der Realstruktur von Festkörpern, geprägt durch eine Fülle empirischer Befunde zum Verhalten von Versetzungen. Durch Verwendung dieses Modells für die Defektstruktur wurde es möglich, Ordnung in vielfältige experimentelle Ergebnisse zu bringen. Zugleich war es Anlaß, daß die Versetzungstheorie erweitert wurde. So entstanden die nichtlineare Theorie der Versetzungen von Kröner, umfangreiche Theorien zur Versetzungskinetik und atomistische Versetzungsmodelle.

Über das Beispiel hinaus kann eine noch allgemeinere Sicht zur Wechselbeziehung von Empirie und Theorie gewonnen werden, wenn wir die Entwicklung der Physik zu einer modernen Naturwissenschaft betrachten. Mit den Arbeiten von Huygens, Fresnel, Galilei und Newton wurde die bis dahin vorherrschende aristotelische Betrachtung der Qualität der Naturerscheinungen abgelöst durch ein empirisches Erfassen der Quantität. Die damit begründete philosophia naturalis stellte an die erste Stelle die Empirie und wurde somit zur modernen Physik. In ihr entwickelte sich gewissermaßen von der Stunde Null an die theoretische Physik. Ihr Anliegen — von Hans Georg Schöpf einmal treffend als „Fortsetzung der Philosophie mit anderen Mitteln“ bezeichnet — war und ist es, in Einheit mit dem empirischen Erfassen der Natur auch eine mathematische Formulierung dafür zu finden. Ein solches mathematisches Begreifen erlaubt somit schließlich eine Naturbetrachtung „mit den Augen der Naturphilosophen, nicht aber mit der kurzsichtigen Perspektive des Spezialisten“ (Erwin Schrödinger). Wollen wir Werkstoffwissenschaft in gleicher Weise, d.h. unter den denkbar allgemeinsten Gesichtspunkten betreiben, ist es ebenso notwendig, auf dem sicheren Fundament der Empirie die theoretische Verallgemeinerung anzustreben. Als Aufgaben der Theorie sind zu nennen:

- das Verständnis und die Bewertung empirischer Fakten
- das Einengen von Suchstrategien
- die Verallgemeinerung empirischer Ergebnisse und
- die Ableitung von Aussagen zu den experimentellen Beobachtungen noch nicht zugänglichen Phänomenen.

2. Das Problem der relevanten Strukturebene

Werkstoffwissenschaft als empirische Wissenschaft mit Drang zur technischen Umsetzung bedingt, daß als Ausgangspunkt theoretischer Forschung in der Regel die Frage nach den relevanten Strukturebenen steht. Nun kann die Antwort darauf selbstverständlich nicht allein vom Theoretiker erfolgen, sondern entwickelt sich vielmehr im Dialog mit dem Experiment.

Für die Forschungen zum mechanischen Verhalten von Werkstoffen hat sich seit langem gezeigt, daß die relevanten Strukturen für die Aufklärung der Zusammenhänge von Struktur, Eigenschaft und Herstellung im mesoskopischen Bereich liegen. Gemeint sind damit Gefüge und Defektstrukturen zwischen dem Makrobereich und der atomaren Struktur eines Festkörpers. Experimentelle und theoretische Forschungen zu metallischen Konstruktionswerkstoffen haben bewiesen, daß, aufbauend auf einer Aufklärung der Kausalzusammenhänge im mesoskopischen Bereich, der Werkstoff mit einem bestimmten Einsatzverhalten zunehmend gezielt entwickelt werden kann. Damit haben für die Theorie Arbeitsmethoden wie Kontinuumsmechanik, Statistische Physik oder die Theorie der Phasenumwandlungen einen ganz besonderen Stellenwert. Im Laufe der Zeit vollzogen sich auch eigenständige Entwicklungen wie die Bruchmechanik oder in jüngster Zeit die Werkstoffmechanik, die von vornherein

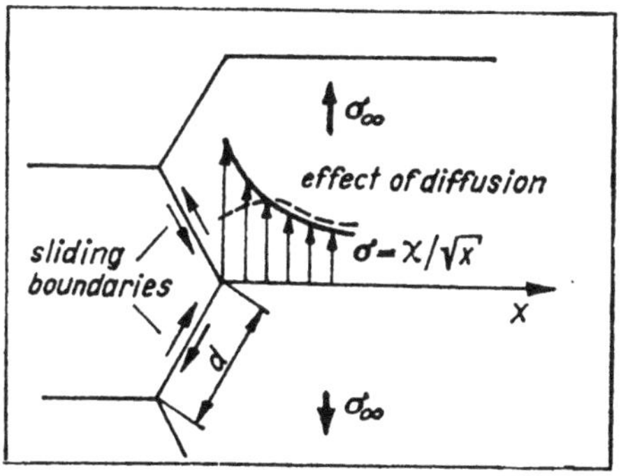

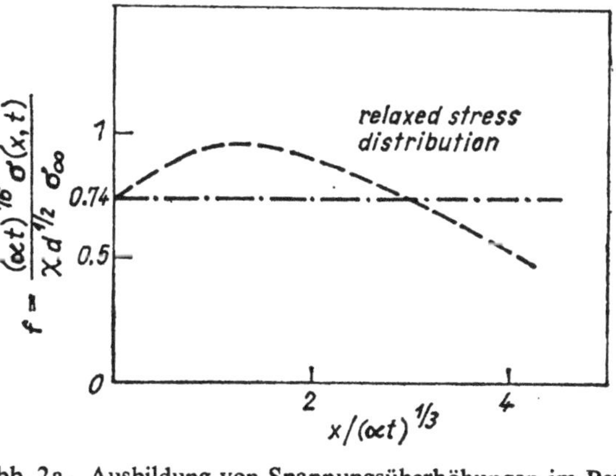

Abb. 2a Ausbildung von Spannungsüberhöhungen im Bereich eines Tripelpunktes infolge abgleitender Korngrenzen

2b Zeitliches und räumliches Abklingen der Spannungsüberhöhung σ (x, t); die Konstante α wird von dem speziellen Korngrenzendiffusionsmechanismus bestimmt von einer solchen mesoskopischen oder makroskopischen Betrachtungsweise ausgehen.

Es kann festgestellt werden, daß das Festlegen des relevanten Strukturniveaus für eine bestimmte Werkstoffgruppe kein abgeschlossener Prozeß ist. Zum Beispiel gibt es dabei ein enges Wechselverhältnis zum Stand der Technologieentwicklung. Betrachten wir hierfür als Beispiel die keramischen Konstruktionswerkstoffe. Noch vor 10 bis 15 Jahren konnten technische Keramiken wie Elektroporzellan, Sinterkorund, Schneidkeramiken u.a. in ihrem mechanischen Verhalten gut erfaßt werden, indem man sich experimentell und theoretisch um eine Aufklärung des Gefügeaufbaues, der im Gefüge vorhandenen Eigenspannungen sowie möglicher Rißausbreitungsarten bemühte. Mit dem neuen Technologieniveau, das auf die keramischen Hochtemperaturwerkstoffe hinzielt, ist das mikrostrukturelle Konstruieren des Werkstoffes im

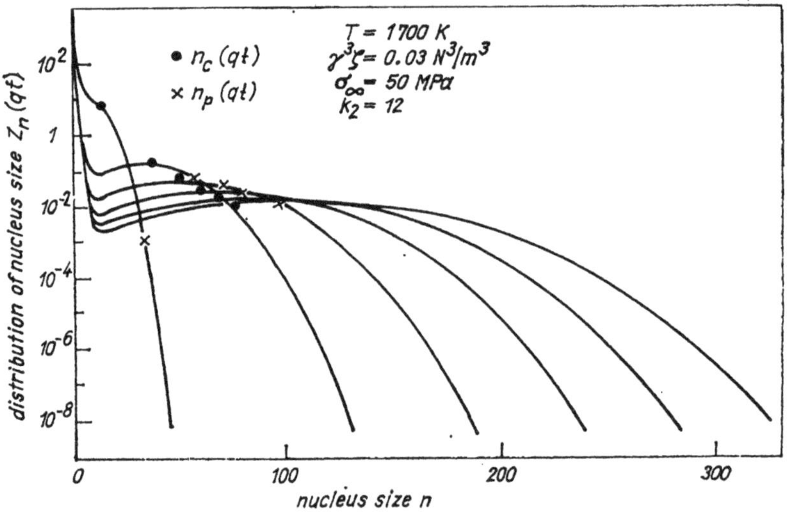

Abb. 3 Zeitliche Entwicklung der Mikroporenverteilung $Z_n(qt)$ im Tripelpunktbereich von Al_2O_3-Keramik; $n_c(qt)$ kennzeichnet die kritische Keimgröße,Poren mit $n > n_p(qt)$ sind im Prozeß der gesamten Keimbildung wachstumsfähig, σ_∞ = äußere Lastspannung

Korngrenzenbereich notwendig und möglich geworden. Damit entstehen auch neue Erfordernisse für die theoretische Beschreibung. Als Beispiel seien die bis vor kurzem bestehenden Probleme beim Verständnis der Anfangsstadien des Kriechbruches genannt. Experimentell ist seit längerem klar, daß der bestimmende Versagensmechanismus eine Mikroporenbildung an Korngrenzen ist. Theoretisch ist dieser Vorgang nicht allein im gewohnten Bild der Kontinuumsmechanik beschreibbar. Vielmehr müssen hierzu zusätzlich Vorstellungen über die atomistischen Prozesse an den Korngrenzen bei hohen Temperaturen berücksichtigt werden [1]. Drei wesentliche Elemente muß eine solche Theorie enthalten:

— die Berechnung von Spannungskonzentrationen an speziellen Korngrenzenkonfigurationen (Abb. 2a)
— die Modellierung von Relaxationen solcher Spannungsüberhöhungen infolge von Diffusionsvorgängen (Abb. 2b)
— die instationäre Keimbildungskinetik von Mikroporen an den Korngrenzen bei kurzzeitiger Wirkung der Spannungskonzentration (Abb. 3).

Damit ergeben sich Anknüpfungspunkte zu mikroskopischen Modellen. So wird der Keimbildungsvorgang entscheidend von der spezifischen Oberflächenenergie γ an der Korngrenze bestimmt. In Abb. 4 sind als Ergebnis eines solchen Modells die Schwellwerte der äußeren Zugbelastung für eine Mikroporenbildung in Aluminiumoxidkeramik dargestellt. Zunächst kann festgestellt werden, daß das Modell der instationären Mikroporenbildung tatsächlich realistische Größenordnungen dafür

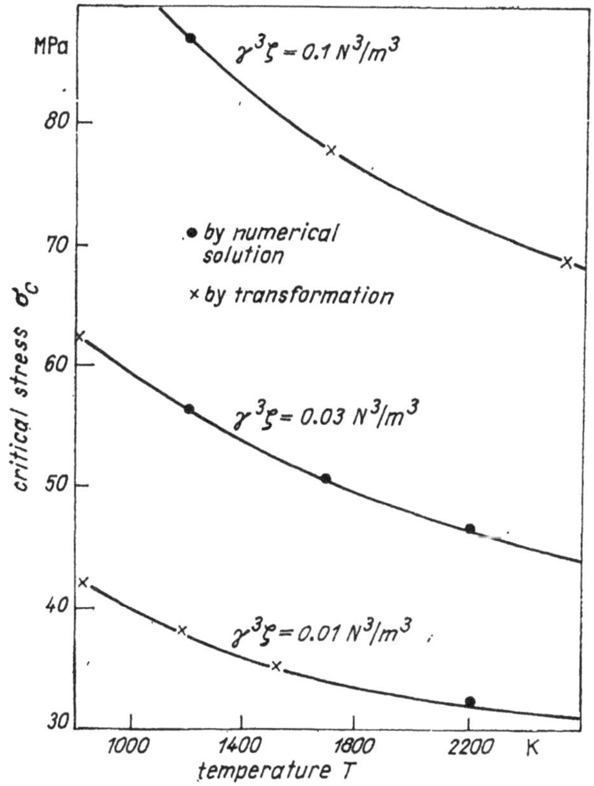

Abb. 4 Zusammenhang von kritischer Lastspannung und Temperatur für Mikroporenbildung in Al_2O_3-Keramik; γ = spezifische Oberflächenenergie, ζ = Porenformfaktor

liefert. Deutlich wird aber auch eine starke Abhängigkeit von γ. Einerseits ist eine solche starke Korrelation für die Technologieentwicklung von Interesse, wenn man z. B. an Zielsetzungen wie das Erreichen superplastischer Verformungen von Keramiken denkt. Die Auswahl geeigneter Dotierungselemente könnte neben einem Unterdrücken von Kornwachstum zu einem Anheben der γ-Werte genutzt werden. Zugleich sollte die ermittelte starke Abhängigkeit von γ auch dazu anregen, theoretische Entwicklungen, wie sie sich in der Theorie der elektronischen Struktur der Festkörper in den letzten Jahren vollzogen haben, zu nutzen, um die in dem obigen Modell phänomenologisch eingeführten γ-Werte in ihrer strukturellen Abhängigkeit theoretisch verständlich und damit letztlich mikrostrukturell konstruierbar zu machen.

Bedenkt man die Komplexität der zu lösenden Probleme, so muß man die Möglichkeiten der Theorie bei der Auswahl der relevanten Strukturebenen als nur sehr beschränkt betrachten. In jedem Fall muß sie sich auf das Experiment stützen. Dabei kommt der Strukturaufklärung bei gleichzeitiger Strukturwandlung unter technologisch relevanten Beanspruchungsbedingungen besondere Bedeutung zu. Angesprochen sind damit die in situ-Methoden der Strukturaufklärung. Für das mechanische Verhalten hat das in situ-Experiment im Rasterelektronenmikroskop sich als besonders aussagekräftig erwiesen. So wurden im ZFW Dresden Möglichkeiten geschaffen, an Metallen, Keramiken, pulvermetallurgischen Werkstoffen, faserverstärkten Verbundwerkstoffen sowie beschichteten Werkstoffen Verformungsexperimente unter verschiedenartigen Belastungen (Zug, Druck, Biegung, Wechselbelastung), bei Temperaturvariation und Aufzeichnung des Schallemissionsspektrums durchzuführen. In jüngster Zeit konnte zusätzlich durch Einkopplung von Laserenergie die Möglichkeit erschlossen werden, Strukturveränderungen bei Laserimpulsbelastung zu studieren (Abb. 5) [2]. Es ist verständlich, daß solche Untersuchungen sehr hilfreich für die Ermittlung der relevanten Strukturniveaus sind. Zugleich ermöglichen sie die quantitative Bestimmung notwendiger phänomenologischer Parameter zu entwickelnder Theorien.

Mit dem Verzicht auf eine „Theorie aus ersten Prinzipien" entsteht natürlich auch ein Identifikationsproblem. Oftmals sind für einen Werkstoff verschiedene Modelle entwickelbar. Betrachten wir beispielsweise die ausgearbeiteten Strukturmodelle für amorphe Metalle, so schließen sich die drei Modellklassen — atomistische Strukturmodelle, Disklinationsmodelle, Modell heterogener Kontinua — nicht einander aus, sondern erlauben vielmehr eine mathematische Formulierung unterschiedlicher Aspekte der Struktur-Eigenschafts-Beziehung.

Häufig ist es jedoch so, daß ein theoretisches Modell mehr Freiheitsgrade enthält, als zunächst durch das Experiment festlegbar sind. Neben dem natürlichen Suchen nach weiteren Experimenten zur Bestimmung dieser Freiheitsgrade gibt es aber auch die Möglichkeit der Frage nach dem willkürärmsten Modell. Ein solcher Weg wurde von uns bei der Untersuchung von Eigenspannungen in heterogenen Festkörpern beschritten. Der mathematische Formalismus der modernen Informationstheorie bietet hierfür hilfreiche Ansätze, die zu einer statistischen Theorie der Eigenspannungen ausgebaut werden konnten [3]. Ein sehr allgemeines Prinzip, das Aufsuchen des Minimums

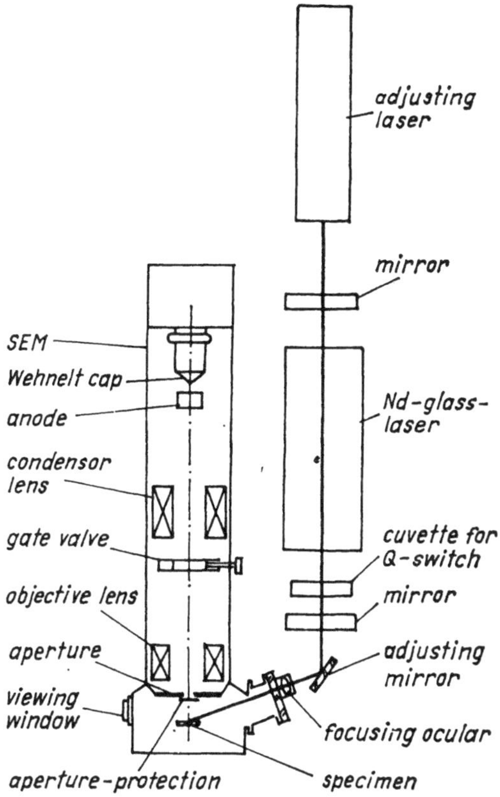

Abb. 5 Prinzipskizze der Kombination eines Rasterelektronenmikroskops mit einem Festkörperlaser

der Shannonschen Informationsentropie, erlaubt es, Wahrscheinlichkeiten für die gesuchten Spannungen und ihre Fluktuationen zu berechnen. Dabei sind als Nebenbedingung bei der Extremwertbildung festkörpermechanische Grundgleichungen (Beziehungen für die Mittelwerte von Spannungen, Deformationen und Energiedichte) sowie experimentelle Eingangsinformationen (effektive elastische Konstanten und spannungsfreie Deformation, gespeicherte Energie) zu berücksichtigen. Ein Beispiel für solche Berechnungen ist mit der Eigenspannungsverteilung von Si_3N_4 in Abb. 6 dargestellt.

3. Modellexperiment — mathematisches Experiment

Das oben dargestellte Vorgehen bei der Suche nach relevanten Strukturniveaus durch in situ-Belastungsexperimente bei modernen Strukturuntersuchungsmethoden weist zweifelsohne in Richtung notwendiger Modellexperimente für die Theorien-

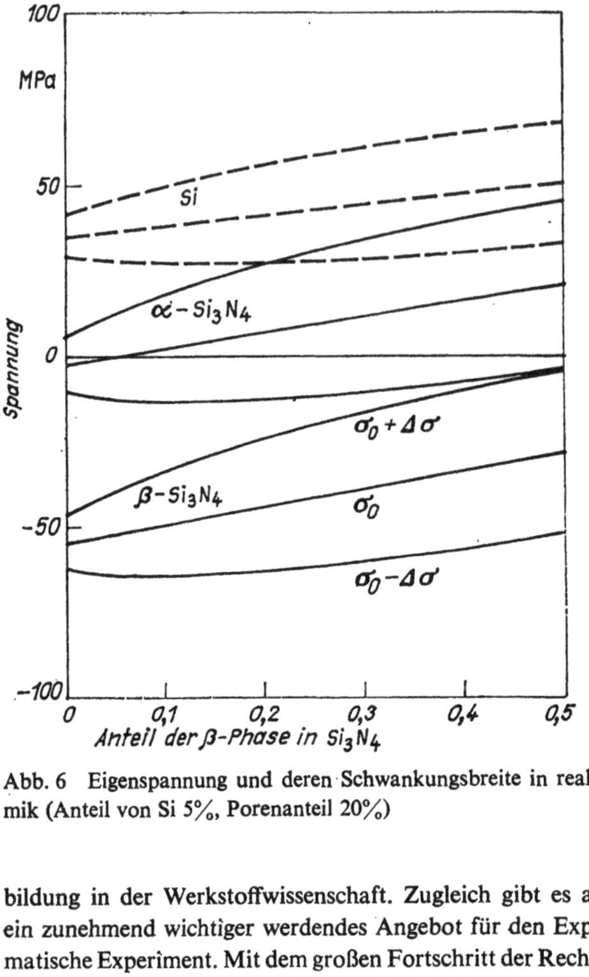

Abb. 6 Eigenspannung und deren Schwankungsbreite in reaktionsgesinterter Si_3N_4-Keramik (Anteil von Si 5%, Porenanteil 20%)

bildung in der Werkstoffwissenschaft. Zugleich gibt es aber auch von der Theorie ein zunehmend wichtiger werdendes Angebot für den Experimentator – das mathematische Experiment. Mit dem großen Fortschritt der Rechentechnik hat sich eine neue Methode des Erkenntnisgewinns entwickelt, die insbesondere bei nichtlinearen Phänomenen zu wesentlichen neuen Einsichten führt.

Über Jahrhunderte waren die theoretische Physik und damit eigentlich auch alle anderen exakten Wissenschaften an das Erkunden linearer Naturprozesse als quantitativ erfaßbare Situationen einer uns umgebenden komplexen Realität fixiert. Nur in wenigen Ausnahmefällen konnten Vorgänge mit nichtlinearen Ursache-Wirkungs-Zusammenhängen hinreichend sicher modelliert werden. Nun sind durch den Einsatz leistungsfähiger Rechner Wege eröffnet worden, komplizierte nichtlineare Gleichungssysteme in ihrer Lösungsvielfalt zu studieren. Völlig neue Erscheinungen wie Selbstorganisation der Strukturbildung, deterministisches chaotisches Verhalten oder fraktale Geometrien werden offenbar. Zugleich schreiten die Möglichkeiten und die Treffsicherheit der technologischen Forschung voran. Bis vor kurzem noch als exotisch

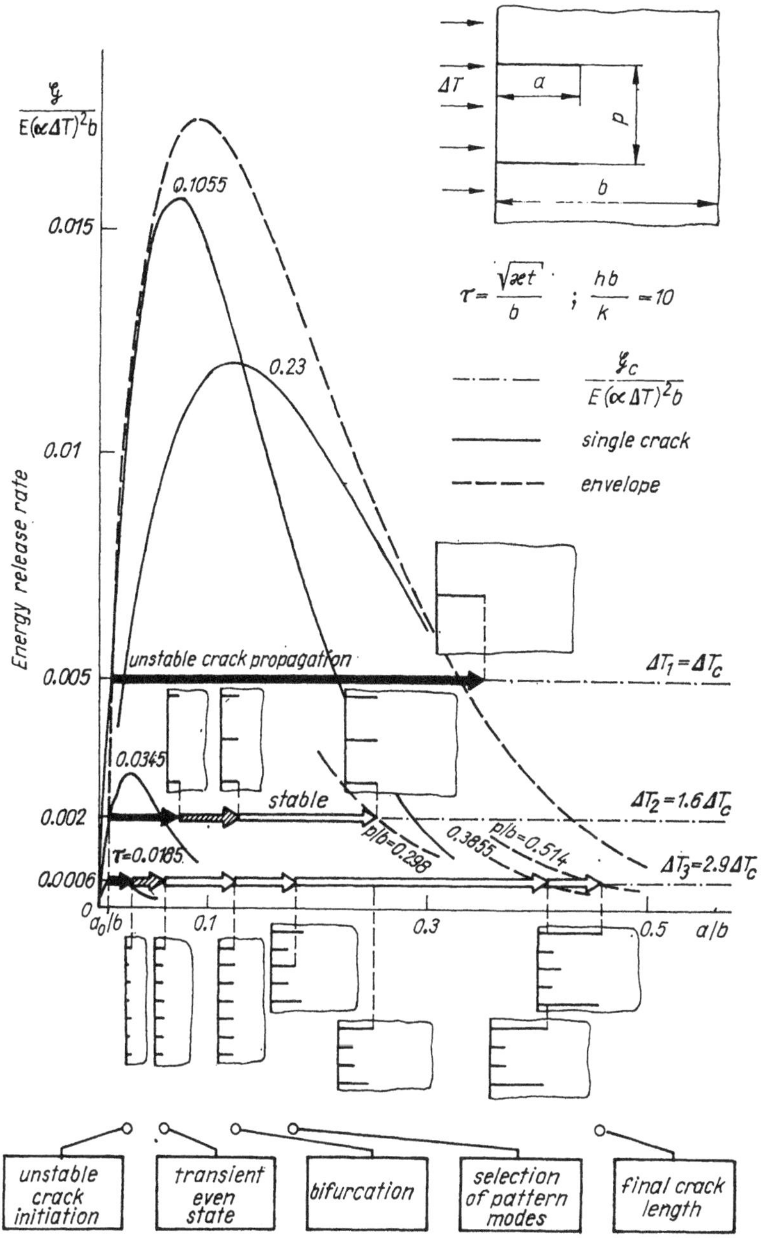

Abb. 7 Strukturentwicklung von Vielfachrissen bei Thermoschockbelastung

angesehene physikalische Prozesse fern vom Gleichgewicht werden zu Technologien mit hoher Zuverlässigkeit entwickelt. „Fern vom Gleichgewicht“ bedeutet Nichtlinearität und damit Erscheinungsvielfalt in der Strukturbildung. Diese Entwicklung führt auch in der Werkstoffwissenschaft zu einem wachsenden Stellenwert des mathematischen Experimentes.

In Abb. 7 ist als ein Beispiel zum Aussagegehalt solcher Experimente die bruchmechanische Analyse der Vielfachrißausbreitung bei Thermoschockbelastung von spröden Festkörpern dargestellt [4]. Berechnet worden ist die Bewegung periodisch angeordneter Oberflächenrisse der Ausgangslänge a_0 unter Wirkung eines zeitlich und räumlich veränderlichen Spannungsfeldes. Ein Temperatursprung auf der Oberfläche ΔT_i löst einen sich in die Probentiefe ausbreitenden Spannungsimpuls aus. Ist ΔT_i größer als ein kritischer Wert ΔT_c, setzt zu einem bestimmten Zeitpunkt instabile Rißausbreitung ein. Im weiteren Zeitablauf führt die nichtlineare Wechselwirkung der Risse untereinander dazu, daß sich die Rißausbreitung grundsätzlich ändert. Von einem Verzweigungspunkt an sind verschiedene Rißausbreitungsmoden möglich, die nicht mehr zur gleichberechtigten Ausbreitung aller Risse führen. Die Rißlängenverteilung weist bestimmte Strukturen auf. Die Endrißlängenverteilung und damit auch die Restfestigkeit hängen von der Art des entstandenen Rißmusters ab. Ein solches Verhalten ist auch experimentell durch definierte Schockbehandlung von Glasproben (G. Fischer, ZIAC Berlin) nachgewiesen worden. Ein Vorzug des Rechnerexperimentes sehen wir in der klar möglichen Trennung wesentlicher und unwesentlicher Einflußfaktoren, die zu der beobachteten Symmetriebrechung führen.

Ein Anliegen einer Theorie muß es sein, über spezielle Ergebnisse hinaus zu Verallgemeinerungen vorzudringen. Für das soeben dargestellte Beispiel läßt sich zeigen, daß es repräsentativ für eine größere Klasse von nichtlinearen Wachstumsproblemen ist. So laufen gegenwärtig bei uns Untersuchungen, aus denen ersichtlich wird, daß auch Strukturbildungsphänomene des Schichtwachstums bei der Gasphasenabscheidung durch vergleichbare Verzweigungspunkte und eine ähnliche Symmetriebrechung gekennzeichnet sind. Betrachtet man die stürmische Entwicklung der Theorie nichtlinearer Prozesse in der Physik, so muß man erwarten, daß auch in der Werkstoffwissenschaft in den nächsten Jahren hierzu wesentliche Erkenntnisse erarbeitet werden.

4. Schlußbetrachtung

In einem Vortrag auf eine Plenartagung der Akademie der Wissenschaften der UdSSR im Jahr 1962 wies Pjotr Kapica darauf hin, daß aus der Geschichte der Physik bekannt ist, daß eine Trennung der Physiker in Theoretiker und Experimentatoren erst vor kurzer Zeit erfolgte. In früheren Zeiten überprüften gewöhnlich nicht nur Newton und Huygens, sondern auch solche Theoretiker wie Maxwell normalerweise selbst experimentell ihre theoretischen Schlußfolgerungen und Hypothesen. Natürlich verlangt die moderne Wissenschaft infolge ihrer wachsenden Komplexität die

Arbeitsteilung. Das sollte jedoch nicht zur Trennung führen. Ein Verdienst von Otto Henkel ist es, daß er im ZFW Dresden Theoretiker und Experimentatoren an der gemeinsamen Aufgabe, der Entwicklung der Werkstoffwissenschaft, zusammengeführt hat. Mit ist bewußt, daß er selbst immer so gewirkt hat, daß in diesem dialektischen Wechselspiel das Experiment in der Werkstoffwissenschaft als Grundlage entwickelt wurde. Damit wurde dem von Lord Kelvin entworfenen Bild von der Theorie als Mühlstein und den Meßdaten als Korn Rechnung getragen. „Mühlsteine allein, soviel sie sich auch drehen, bringen nichts Brauchbares hervor. Die Qualität des Mehles wird von der Kornqualität bestimmt." Ohne Mühlsteine wird der Nutzen experimenteller werkstoffwissenschaftlicher Forschung aber nur sehr unvollkommen zu erschließen sein. Beides im rechten Maß gefördert zu haben, dafür gilt ihm, Akademiemitglied Otto Henkel, heute unser Dank.

Literatur

[1] H.-A. Bahr, H. Balke, W. Pompe, S. Werdin: Neue Hütte 34 (1989) 201.

[2] K. Wetzig, J. Edelmann, W. Fischer, H. Müller: Scanning, 9 (1987) 99.

[3] W. Kreher, W. Pompe: "Internal stresses in heterogeneous solids", Phys. Research Akademie-Verlag 1989.

[4] H.-A. Bahr, H.-J. Weiß, H. G. Maschke, F. Meißner: Theor. Appl. Fracture Mechanics 10 (1988) 219.

Otto Henkel

Schlußwort

Sehr geehrter Herr Präsident,
sehr geehrter Herr Vorsitzender der Klasse!
Hochhonorige Emeriti!
Werte Kolleginnen und Kollegen!
Liebe Freunde!

Es ist mir in der letzten Zeit und nun auch heute viel Angenehmes über meine Person gesagt worden. Ich gestehe, daß ich mich darüber sehr gefreut habe. Aber es ist aus bestimmtem Anlaß ja eine Auflistung über eine im menschlichen Dasein gesehen lange Zeit. Es ist mir auch gedankt worden für vieles, was ich tun konnte. Zu danken habe aber auch ich für vieles, was mir getan wurde. Da sind zunächst die Veranstalter dieses Kolloquiums, die Klassen Werkstoffwissenschaft und Physik und das Zentralinstitut für Festkörperphysik und Werkstofforschung der Akademie der Wissenschaften der DDR, denen ich für diese ehrende Versammlung danke. Besonderen Dank sage ich meinem Nachfolger als Direktor des Zentralinstitutes Johannes Barthel für die Laudatio und den Vortragenden Günther Vojta, Wolfgang Pompe und den Professoren Haubenreißer und Lehmann, mit denen ich über viele Jahre eine recht enge, stimulierende und angenehme Zusammenarbeit hatte. Gestatten Sie mir, an dieser Stelle den vielen Mirarbeitern mein Gefühl der Hochachtung und des Dankes auszusprechen, ohne deren Arbeit das Gelingen ja nicht möglich gewesen wäre. Dabei denke ich nicht an eine simple Summierung. Selbstverständlich sind es zunächst die Mitarbeiter der ersten zwei Leitungsebenen und die Mitarbeiter der Funktionalorgane, mit denen ich die anstehende Arbeit mit den täglichen Problemen zu bewältigen hatte. Aber ich habe auch viel und gern mit jüngeren Kollegen gearbeitet und habe dabei auch gelernt. Um als Erster unter Gleichen bestehen zu können, muß man wohl immer über das Übliche hinaus lernen in jeder Form und auf mehreren Gebieten. Mir kam dabei wohl sehr zugute, daß ich zuhören kann; eine Eigenart, die mir auf meinem beruflichen Weg sehr geholfen hat. Hinzu kam in allen Belangen meine Sicht nach vorn, teils auch noch getrieben von dem Gefühl, noch nicht alles getan zu haben, so wie in der Schulzeit es einem ja nicht wohl ist, seine Schulaufgaben nicht gründlich gemacht zu haben. Ein klein wenig mehr Ruhe wäre vielleicht manchmal angebracht gewesen. Aber nun im Alter ist es doch ein gutes Gefühl, daß die schöpferische Unruhe von Natur aus gegeben war. Ich habe keine Mühen gescheut, um an die Grenzen des Erreichbaren vorzustoßen. Freilich ist an mir nichts geniehaftes, aber mein Ziel war Wissen. An Wunder habe ich nie geglaubt. Die Arbeit ist es, die gut überdacht und organisiert sein will.

In den ersten Schuljahren soll ich nicht besonders fleißig gewesen sein. Meine Interessen galten dem Schachspielen und dem Sternenhimmel. Später kamen andere Interessen dazu. Ich bin aber nie von einem Gebiet zum anderen sprunghaft übergegangen. Das halte ich für wichtig. Zwar muß man alles sehen, was auf den Nachbargebieten so vor sich geht. Aber man muß sich genausogut konzentrieren können. Und dann ist noch etwas, das umfassend zu formulieren mir schwer fällt, aber zum heutigen Anlaß auch nicht notwendig ist. Ich meine die Treue im Leben, zur Arbeit und auch allgemein. Das ist nicht als Widerspruch zu der Meinung zu verstehen, ein Wissenschaftler sollte aller 5—10 Jahre sein Arbeitsfeld wechseln, um immer an vorderster Front in der Forschung zu sein. Ich habe seit 1949 der Festkörperphysik und Werkstofforschung die Treue gehalten, auch wenn 15 Jahre lang meine Arbeit vorrangig organisatorische Tätigkeit war. Meine Stellvertreter haben es mir erlaubt, und dafür möchte ich danken, daß ich mich vornehmlich der wissenschaftlichen Seite dieser Tätigkeit widmen konnte. Ich verhehle aber auch nicht, daß die ohne Zweifel notwendige Bearbeitung der täglich zu erledigenden Aufgaben mir auch wenig lag. Abschließend hierzu sei der Hinweis gestattet, daß ich nach dem Hochschulabschluß nur in einem Haus, in dem wir uns heute versammelt haben. meinem Beruf nachgegangen bin. War es Beständigkeit oder war es mit bedingt durch die Komplexität der durchlebten Jahrzehnte? Eines ist für mich jedoch Fakt, daß ich mich nicht daran erinnere, ernsthaft den Wunsch nach einem Wechsel der Arbeitsstelle gehabt zu haben.

Mein Metier war die Forschung, gleich ob Grundlagenforschung oder Mithilfe bei der Industrie. Letzteres war in diesen Jahrzehnten oft ein Gebot der Zeit und Vernunft. Auf meinem Gebiet, der Werkstoffwissenschaft, halte ich sowieso die gedankliche Einbeziehung von Herstellung und Anwendung von Werkstoffen trotz der an sich schon vorhandenen Breite in der Grundlagenforschung zu Struktur und Eigenschaften der kondensierten Materie nicht nur für sinnvoll, sondern auch als zweckmäßig, wenn nicht gar notwendig für erfolgreiche Ergebnisse. Damit verleugne ich nicht meine Vorliebe für die zentrale Bedeutung der Verallgemeinerung. Nach meiner Meinung ist in der Werkstoffwissenschaft die Theorie in erster Instanz zur Steigerung der Effektivität der experimentellen Arbeiten da. Zugleich sollten die Experimente neben der Ermittlung speziell interessierender Fragen möglichst so allgemein und umfangreich angelegt sein, daß sie Beiträge zur Erweiterung und Bestätigung der Theorien erbringen. Der größte Aufwand ist in der Regel die reproduzierbare Herstellung und Erkundung der Struktur des festen Körpers, so daß die nun meist mit geringem Aufwand durchzuführenden Eigenschaftsermittlungen bei Vernachlässigung eine nicht vertretbare, ja sträfliche Angelegenheit sind. Oft sind bekannterweise bei der Ermittlung nicht erstrangig interessierender Eigenschaften neue Phänomene erkundet worden. Eine im Rahmen dieser Betrachtungen eigenständige Theorienbildung aus ersten Prinzipien ist anzustreben, aber vom Vorhandensein geeigneter Wissenschaftler abhängig. Wo die so aufgebaute Verkopplung von Theorie und Experiment in der Werkstofforschung allerdings nicht gegeben ist, sollte man von Werkstofftechnik sprechen.

Es ist schon etwas daran, daß bei einer guten Grundlagenforschung die angewandte Forschung sozusagen mitläuft. Erst müssen neue Erkenntnisse fundamentaler Art vorhanden sein, und dann finden sich genügend Wissenschaftler — oft zu viele — zur Ausfüllung vorhandenr Lücken oder zur Umsetzung. Der Blick für das Machbare aus solchen Ergebnissen muß freilich vorhanden sein. Die Spekulation auf „Mitfrühstücken" an international attraktiven Ergebnissen der fundamentalen Forschung geht auf offenem Wege gegen Null. Eine andere Art, von Bekanntem ausgehend durch Variation neue Produkte hervorzubringen, ist zwar ökonomisch vertretbar, bringt aber eine Nation logischerweise in das zweite Glied im Weltniveau. Eine solche Gesellschaft wird ohne Gewalt oder Krieg, den kein Mensch will, aus der Gruppe der industriemäßig führenden Staaten ausscheiden. Da sind dann nicht die anderen schuld, man hat es auch nicht gewollt, man hat versagt, weil man es wußte, aber nicht danach handelte.

Das Wissen um die Bedeutung des Vorranges der Grundlagenforschung und des ständige Besorgtsein zur Nutzung aller ökonomisch sinnvollen Ergebnisse dürfte ausschlaggebend für die Erfolge unseres Zentralinstitutes mit fast ausschließlich jungen Wissenschaftlern gewesen sein. Die hohen Auszeichnungen des erst 1969 gebildeten Zentralinstitutes dürfen als Anerkennung für überdurchschnittliche Leistungen gewertet werden.

Die gesamte Breite des Wissens über die kondensierte Materie in Dimensionen auf der Erde mit Abmessungen, die mit menschlichen Sinnesorganen oder relativ einfachen Hilfsmitteln wahrnahmbar sind oder wahrnehmbar gemacht werden können, ist heute nur durch Integration und Kooperation zu beherrschen, wenn die zu fordernde Solidität der Aussagen im notwendigen Maße eingehalten werden will. Es ist auch weniger die Effizienz des Denkens, die eine Begrenzung angeraten sein läßt, als vielmehr die Erfordernis der Bevorzugung der Tiefe in der Forschung. Es ist ja in der Regel keine Ausnahme in den Disziplinen der Wissenschaften, daß innerhalb jeder einzelnen diese Forderungen angemessen sind und der so ersehnten Universalität Tribut gezollt werden muß. Die Werkstoffwissenschaft befaßt sich mit den Beziehungen zwischen Komposition und Struktur einerseits und den Eigenschaften der Werkstoffe andererseits. Hieraus muß die Werkstoffentwicklung und -technik initiiert werden, die das breite Feld bekannter Rohstoffe, deren Umwandlung und der zur industriellen Produktion notwendigen und zur Preisgestaltung günstigen Verfahrensschritte umfassen. Nun, ein Zentralinstitut kann in der Auslegung so groß und trotzdem optimal gehalten sein, daß bei sorgsamer Organisation der Übergang zur Produktion gestaltet werden kann. Für die Mitarbeiter und ganze Gruppen kann da aus der Belastung eine Motivierung werden.

Als Wissenschaftler ist man allerdings auch mit Phasen belastet, wo sich keine als erwähnenswert einzuschätzenden Ergebnisse einstellen wollen. Aber dann gibt es bekanntlich Erfolgserlebnisse, die einfach glücklich machen. Das braucht der Forscher, aber besonders die jüngeren unter uns. Auch etwas großzügig sein mit guten Worten kann man jedem Leiter nur ans Herz legen. Mir haben Aufmerksamkeiten und angedeutete Belobigungen schon Mut zu noch höheren Leistungen gemacht. Lassen Sie mich zwei Beispiele aus meinem Leben kurz aufreißen.

Mein erstes Erfolgserlebnis hatte ich in der Berufsschule. Für mich war eine zusätzliche Arbeit zugleich Anerkennung und Ansporn. Das kam so: Im Krieg waren viele Lehrer zum Wehrdienst eingezogen. Die Hausarbeitshefte der anderen, meist Mittel- und Oberschulabgänger durfte nach wenigen Monaten ausgerechnet ich mit nur einklassiger Volksschule durchsehen. Ich belegte sofort alle möglichen Fortbildungskurse in der Abendschule, um noch schneller Wissen über Mathematik, Technik und Naturwissenschaften mir anzueignen. Für mich begann auch das Selbststudium recht frühzeitig. Wer kann sich heute überhaupt noch eine einklassige Volksschule vorstellen, wo 8 Jahrgänge von einem Lehrer zur gleichen Zeit im gleichen Raum unterrichtet wurden.

Das zweite Beispiel. Es war z.B. die Mitteilung über die vorzeitige Beendigung der Lehrzeit und besonders über die Aussicht der Arbeit im Konstruktionsbüro. Allerdings hatte ich kurz vorher schon ein Fernstudium an einer Ingenieurschule aufgenommen. Wochentags war ich von früh um 5 Uhr bis abends um 19 Uhr für meinen Beruf ausgelastet, sofern nicht, wie so oft, die Zugverspätung im Kriege dazukam. Somit waren der Sonnabend und Sonntag jeder Woche mit den Aufgaben für das Fernstudium belegt. Diese lernreiche Periode hat mir bei der Ausbildung als Neulehrer sicher so geholfen, daß ich an die Friedrich-Schiller-Universität delegiert wurde. Bei der Aufnahmeprüfung habe ich aber wohl etwas Glück gehabt. Die meisten Fragen kamen zur Mathematik und Astronomie, wo ich nicht verlegen war. An meine Antworten zur Literatur, z.B. über die Werke von Goethe u.a., kann ich mich nicht mehr erinnern. Ich glaube, damals dicht am Abgrund gewesen zu sein. Wichtig war, daß ich als einer der wenigen die Aufnahmeprüfung bestanden hatte. Der Übergang von der Pädagogik zur Mathematik war problematisch, der zur Physik schon leichter. Die Vorlesungen waren dank guter Lehrer begeisternd. Bedrückend war nicht das Nebeneinander von Vorlesung und Vorstudienabteilung, eine Art Vorläufer der Arbeiter-und-Bauern-Fakultäten, sondern das ständige „im Blickpunkt stehen müssen“ in Übungen und Praktikas. Man konnte sich auch nicht einmal drücken, man wurde durch das viele Fragen schon kleiner gemacht. Heute kann ich die Professoren und Oberassistenten schon verstehen, daß sie nicht so recht an das damalige Experiment glaubten und somit eine ständige Überprüfung der Sachlage für angebracht hielten.

Die Doppelarbeit von Vorlesungen am Vormittag und Experimenten am Nachmittag für die Diplomarbeit ist mir nicht schwer gefallen, im Gegenteil, es war wie ein Ausgleich. Wer allerdings glaubt, daß ich meine Diplomarbeit bei Professor Kersten auf dem Gebiet des Magnetismus gemacht hätte, der irrt. Ich mußte etwas Geld verdienen, was mir bei der Firma Zeiss gegeben wurde. Die Ergebnisse zur Umwandlung des Restaustenits durch Tieftemperaturbehandlung konnten bei der Stabilisierung von Endmaßen für die Meßtechnik eingesetzt werden. Etwas stolz war ich allerdings über das zusätzliche Wissen zum Martensit, was in drei Broschüren[1] zusammengefaßt wurde, und die wohl erstmalig gezeigten Farbaufnahmen des Mikrogefüges von Stählen. Ich erinnere mich an das Aufsehen im Doktorandenseminar, vielleicht auch der Ästhetik wegen.

Gestatten Sie mir das Geständnis, daß ich den Magnetismus im Studium so gar nicht mochte. Ich konnte dieser Seite der Physik ausgerechnet bei dem international hochgeschätzten Professor des Magnetismus, Professor Kersten, so gar keine Begeisterung abgewinnen. Und in Dresden bin ich dann auf diesem Gebiet in das andere Extrem geraten, den Mikromagnetismus. Die Magnetisierungsumkehr-Mechanismen und die magnetostatosche Wechselwirkung von Einbereichsteilchen-Kollektiven harrten der experimentellen Überprüfung. Die Jahre um 1960 waren sehr schön, fruchtbar und international aufregend.

Später, als Institutsdirektor, habe ich oft wehmütig an diese Zeit gedacht. Die wissenschaftliche Strategie des Zentralinstitutes im Zusammenhang mit der Prognosearbeit stellte uns damals vor schier unüberwindlich scheinende Aufgaben. Allerdings sind zwei Momente aus meiner Sicht erwähnenswert: Die Ausarbeitungen sind auch heute noch lohnend lesbar und der daran beteiligte Kreis von Mitarbeitern hat durch die Diskussionen, den oft harten Meinungsstreit viel gelernt, auch einer den anderen schätzen gelernt. Wie haben wir beispielsweise damals um den heute so aktuellen Nanometerbereich gerungen? Selbstverständlich haben wir auch einiges nicht gesehen, wie die Bedeutung der Fraktale.

Eine für uns immens große Aufgabe organisatorischer Form war in den ersten Jahren die Bewältigung der Komplexaufgaben „Grundlagen der Werkstoffe“ und „Tieftemperaturphysik“, in die fast alle Universitäten, Technischen und Pädagogischen Hochschulen und mehrere Akademieinstitute einbezogen waren. Die Verkettung und Profilierung einer derartigen Anzahl von Forschungsgruppen mit sehr unterschiedlicher Größe einschließlich ihrer Finanzierung und Übernahme in die internationale Kooperation hat uns im Institut belastet, aber die einzelnen Verteidigungen der Forschungsergebnisse am Jahresende vor dem jeweiligen Expertenkreis sind nach der Aufteilung in Hauptforschungsrichtungen Mitte der 70er Jahre mit anderer Organisationsstruktur ein unersetzbarer Verlust im Niveau der Wissenschaftsentwicklung in der DDR. Mir blieb die Verantwortung und die Aufregung vor der jährlichen Verteidigung vor dem Ministerium für Wissenschaft und Technik in Anwesenheit des Präsidenten der Akademie der Wissenschaften und dem zuständigen stellvertretenden Minister für Hoch- und Fachschulbildung erspart. Trotz alledem möchte ich auch diese schweren, aufregenden Jahre nicht missen. Sie sind immanenter Bestandteil dieser Epoche.

Es war eines meiner ständigen und erstrangigen Anliegen während meiner Zeit als Institutsdirektor, Vertrauen zu gewinnen und Verbindlichkeit zu gewährleisten in der Zusammenarbeit mit Einrichtungen des Hochschulwesens und der Industrie. Eine besonders enge Liierung bot sich mit der benachbarten Technischen Universität Dresden an. Sehr gern erinnere ich mich der zwölfjährigen Kollegialität des Rektors dieser Einrichtung, Prof. Dr. Dr. mult. Fritz Liebscher. Wenn ich nicht fehlgehe, war eine seiner ersten Amtshandlungen die Signierung der Bildung der Kooperationsgemeinschaft Werkstofforschung im Raum Dresden—Freiberg. Der Auftakt in Anwesenheit des Generalsekretärs der Akademie und der Rektoren der Hochschulen hat sicher den Anlauf und die fruchtbare Zusammenarbeit bis in die Gegenwart günstig beeinflußt. Es sei aber auch an meinen 1. Stellvertreter, des leider so früh verstorbenen, international führenden und hochgeachteten Metallphysikers G.E.R.

Schulze gedacht. Seine Persönlichkeit hat wohl stark zur Vertrauensbildung in der Kooperationsgemeinschaft beigetragen. Aber auch der spätere 1. Stellvertreter und Rektor, Prof. Dr. R. Knöner, hat große Verdienste in der Zusammenarbeit zwischen den wissenschaftlichen Einrichtungen des Territoriums auf dem Gebiet der Physik und Werkstofforschung. In diesem Zusammenhang erwähne ich gern die Hochschätzung der Rektorin Prof. Dr. Dr. L. Herforth und ihres Vorgängers Prof. Dr. Dr. mult. K. Schwabe. Hervorheben möchte ich die Stützung und Wertschätzung der Werkstoffwissenschaft durch den Vizepräsidenten der AdW Kurt Schwabe. Wir konnten als kleines Häuflein Aufrechter in der Bildungsphase der Werkstoffwissenschaft die positive Meinung und teilweise Hilfestellung einer solchen Persönlichkeit gut gebrauchen. Nicht unerwähnt bleiben darf aber auch die stete Förderung durch den damaligen Präsidenten H. Klare und des aus unserem Institut kommenden 1. Vizepräsidenten U. Hofmann.

Einer weiteren Gemeinschaftsbildung in Form eines Wissenschaft-Technik-Produktions-Verbandes sei gedacht. Heute darf man resümieren, daß es keine leichte Aufgabe war. Die Existenz dieses Verbandes und die Erfolge bis zum heutigen Zeitpunkt rechtfertigen und lohnen die anfänglichen Mühen. Allerdings bedurfte es erst eines beachtlichen und differenzierten Engagements der späteren Leiter, des Generaldirektors des Werkzeugkombinates H. Kerst und mir als Direktor des Zentralinstitutes, um unzählige Forschungseinrichtungen der Akademie, der Hochschulen und der Industrie einerseits und Produktionseinrichtungen verschiedener Kombinate und Ministerien andererseits zu diesem Schritt zu bewegen. Es war ein erstrangiges Anliegen der damaligen Zeit, die Werkzeuge als Mittel zur Steigerung der Arbeitsproduktivität schnell zu verbessern. Werkzeuge sind aber nun unmittelbar von den Werkstoffen abhängig. Ohne hier näher darauf einzugehen, ist dieser Zusammenhang in der Entwicklungsgeschichte bis zu den Anfängen der Menschwerdung sichtbar.

In meiner Berufslaufbahn war es eine besonders komplizierte Organisationsaufgabe. Was die einen wollten, das wollten die anderen nicht. Was dem einen offensichtlich nutzte, war bei den anderen nicht ausweisbar. Den Sinn dieser Kette von der Grundlagenforschung bis zum Anwender und den gesellschaftlichen Nutzen auszuweisen, bedurfte es großer Überzeugungsarbeit. Der Übergang vom schwierigen Beginn bis zum erfreulichen Ausbau bedurfte einiger Zeit. Da war die direkte Zusammenarbeit unseres Zentralinstitutes mit den so vielen Kombinaten wesentlich leichter zu bewältigen.

Um die Werkstoffwissenschaft als Disziplin haben wir sehr ringen müssen. Es war zwar nicht DDR-spezifisch, daß benachbarte Disziplinen ihr das Recht auf Eigenständigkeit nicht einräumen wollten, aber in unserem Lande aus heutiger Sicht recht hart und verbissen. Heute bedarf es nun eines solchen Kampfes nicht mehr. Neue Akzente sind zu setzen, denn man muß sich bewußt sein, daß Fortschritt stets die Verbesserung des Vorhandenen impliziert. Aber was ist Verbesserung ohne Neues? Das muß gerade für eine junge Disziplin gelten und mit aller Strenge gefordert werden, wenn der Begriff Wissenschaft gerechtfertigt sein soll.

Die Zusammenfassung vorhandenen Wissens, geordnet, gesichtet und in pädagogisch gutem Stil zu Lehrbüchern niederzulegen, war nicht meine Stärke. Mich bewegte der Drang zu Neuem, der Vorstoß in Unbekanntes bei optimalem Einsatz ausgewählter Mitarbeiter und gleichzeitiger Herausbildung von werkstoffwissenschaftlichen Kollektiven für die Zukunft. Es ist angenehm zu beobachten, daß im Verlauf des hier behandelten Zeitraumes die früher nicht immer auf Achtung und Freundschaft eingestellten Physiker und Chemiker sowie die teils zu Unrecht unterwertig abgestempelten Metallkundler und Vertreter anderer Disziplinen immer mehr zueinander gefunden haben. Auch die Vorbehalte gegen die ausgeprägt theoretisch arbeitenden Physiker, die angeblich viel wissen, aber wenig können, sind so weit abgebaut, daß sie mit den Experimentatoren voll mitgehen und deren Fähigkeit zur Verallgemeinerung beschleunigen. Das zeigt sich unter anderem in der Leitung großer Bereiche mit vorwiegend experimentellen Aufgaben durch ausgesprochene Theoretiker. Ab und zu noch vorkommende kleine Ränkeleien können nur zu weiterer Annäherung führen.

Die Personalarbeit war immer mein ureigenstes Anliegen, insbesondere die Weiterbildung der Hochschulabsolventen. So wurden Gespräche zur Aufnahme der Promotion unter besonderer Beurteilung des im Institut angeeigneten Wissens zu Festkörpern und Seminare mit Koreferenten unter Beteiligung eines entsprechenden Expertenkreises zum Entwurf der vorgesehenen Dissertation eingeführt. Das Streben junger Wissenschaftler nach einem akademischen Grad ist durchaus natürlich und verständlich. Für den Leiter ist diese Phase hoher Leistungsbereitschaft und Konzentration zu hoher Kreativität äußerst wünschenswert. Er hat jedoch zugleich die Verantwortung für die Belastung gesellschaftlicher Fonds. Auch die Darlegung der Ergebnisse wird in einem Seminar insofern eingeschätzt, ob mit der endgültigen Abfassung der Dissertation zu beginnen ist. Durch die eingeführten Vorsorgeeinrichtungen brauchte unter meinem Vorsitz in der Prüfungskommission bei etwa 100 A- und 30 B-Promotionen auch nicht ein einziges Unzureichend ausgesprochen werden. Bei einer großen Anzahl der promovierten Wissenschaftler konnte als Wissenschaftsgebiet bereits Werkstoffwissenschaft vermerkt werden. Für mich ein erfreuliches Ergebnis.

Die Dresdner Schule für Festkörperphysik und Werkstofforschung noch weiter in Richtung der Werkstoffwissenschaft zu profilieren, ist förderungswürdig. Jungen Wissenschaftlern, begabt, theoretisch exzellent als Grundlagenforscher mit Weitblick könnte der Mut erleichtert werden, um in Neuland vorzustoßen, Ich sehe das als erstrangige Aufgabe in einem rohstoffarmen und industriemäßig hochentwickelten Land an. Ein wohl kaum zu unterschätzender Beitrag für das Mithalten im Lebensniveau unseres Staates, für Beständigkeit und das Wohlergehen der Menschen, letztlich als Ziel der Menschen in unserer Zeit und in der Zukunft. Bessere Werkstoffe, ihre ökonomisch günstige Herstellung und Nutzung werden die Menschheitsentwicklung wie eh und je beeinflussen.

Liebe Kolleginnen und Kollegen, die Werkstoffwissenschaft mitzugestalten wurde mir zur Pflicht, und die Pflicht wurde zur Freude. Niemand hat die Freiheit, dies oder jenes zu erreichen, aber die Freiheit, mit allen seinen Möglichkeiten das Notwendige zu tun. Ihnen allen wünsche ich beachtenswerte Ergebnisse, zu Ihrer Freude, zum Fortschritt der Menschheit.

Bei Fragen zur Produktsicherheit wenden Sie sich bitte an:
If you have any questions regarding product safety,
please contact:

Walter de Gruyter GmbH
Genthiner Straße 13
10785 Berlin
productsafety@degruyterbrill.com